越奋斗越成功

李晓莹 ◎ 著

中国商业出版社

图书在版编目（CIP）数据

越奋斗越成功 / 李晓莹著 . —北京：中国商业出版社，2019.3
（受益一生的成长心理课）
ISBN 978-7-5208-0704-3

Ⅰ.①越… Ⅱ.①李… Ⅲ.①成功心理－通俗读物 Ⅳ.① B848.4-49

中国版本图书馆 CIP 数据核字（2019）第 042863 号

责任编辑：唐伟荣

中国商业出版社出版发行
010-63180647　www.c-cbook.com
（100053　北京广安门内报国寺 1 号）
新华书店经销
河北华商印刷有限公司印刷

*

880 毫米 ×1230 毫米　32 开　8 印张　170 千字
2019 年 4 月第 1 版　2019 年 4 月第 1 次印刷
定价：39.80 元

* * * *

（如有印装质量问题可更换）

前　言
PREFACE

　　在这个忙碌的、充满诱惑的社会，生活的焦虑和工作的压力，常常让我们无法开心快乐。于是，就出现了一些不尽如人意的现象。比如：有些人不懂感恩，有些人不懂奉献爱心，有些人悲观烦恼，有些人胸无大志，有些人逃避现实，等等。这一系列现象都让我们痛苦不堪，甚至有的人开始抱怨命运、抱怨社会的不公。其实，与其说是这些外界因素让我们的生活发生了改变，倒不如说是我们的内心少了一份淡然，少了一份平静。毕竟生活中，还有一种花为你飘香。

　　人应该有一颗感恩的心。感恩之心，是我们每个人生活中不可或缺的阳光雨露，一刻也不能少。无论你生活在何地何处，或是有着怎样特别的生活经历，只要你胸中常常怀着一颗感恩的心，随之而来的，是温暖、自信、坚定、善良这些人生最珍贵的品格。拥有这些品格，你的生活中便有了一处处动人的风景。

　　人应该奉献自己的爱心。给予，既是快乐的给予，其实也可以说成是"传染",把快乐"传染"给别人,世界便处处充满快乐;把信任"传染"给别人,世界上就不会有猜忌。当然,给予是一种快乐,也是一种幸福,这即是"赠人玫瑰,手有余香"。给予别人,那么自己也是幸福的,因为自己既帮助了别人,也满足了自己。

人应该寻求快乐。其实,人只要换个思考的角度,调整一下态度,就能让自己有新的心境。事情就是这样,从不同的角度去看,就会得出不同的结论。快乐与悲观同时存在,关键看你是去寻找快乐还是寻找悲观。你要懂得改变情绪,才能改变思想和行为。思想改变了,情绪也会跟着改变。拥抱好心情,你才能真正快乐。

人应该立大志向。古人说得好:"谋其上者得其中,谋其中者得其下,谋其下者无所得。"远大的理想,造就伟大的人生。早一天立志,早一天成才。只有尽早树立人生目标,才能比别人更早一步接近成功。当有一天,你站在人生之巅时,感受"会当凌绝顶,一览众山小"的豪迈与激昂,一定会感谢当初立下的志向,因为正是它时刻督促你前进,让你一步步成就辉煌的人生。

人应该勇敢面对现实。达·芬奇说过:"挫折可以把人置于死地,也可以使人置之死地而后生。"一个成功者在通往目标的历程中遭遇挫折并不可怕,可怕的是因挫折而产生对自己能力的怀疑。其实,困难并不能证明什么,重要的是我们对于困难的态度:即使我们100次被打倒,也要挣扎着第101次站起来,微笑着面对一切困难。人生没有迈不过去的坎,笑对人生,所有困难都会变得无比渺小,成功也就会悄然而至。

人应该坚定信念。古人云:"骐骥一跃,不能十步;驽马十驾,功在不舍。"人人都可以成功，只是成功的方法与途径各有差异，但所有成功者都有一个共同点，那就是坚持不懈、百折不挠的进取心与奋斗的精神。凡事贵在坚持，坚定不移地走自己选准的道路，是迈上成功峰巅的最佳途径。

人应该听从忠告，改变自己。人生历程是复杂的，只有小心谨慎地去对待我们身边所有的人和事，才不会给自己留下遗憾。尤其是现在的年轻人，想要有一个美好的未来，就一定要学会思考、懂得思考，吸取那些对自己成长有利的人生经验和忠告。

人应该勤奋刻苦。一个人一生最大的遗憾与折磨，莫过于到了一定的年纪对自己说："我一无所成。"其实造成这种局面的原因很多时候是你明明有十分的力气，却只用了一分，由于不愿意勤奋学习而失去了成长的机会，最终只能留下无尽的遗憾。勤奋其实是来自内心的一种动力，没有刻苦是不可能有所成就的。

人生苦短，在苦苦追求你想要的东西时，不要舍本逐末，丢下你本身就具有的美好东西。这些东西是用任何金钱都买不来的，是能让你受益终生的宝贵财富。

目 录
CONTENTS

第一章 记住,人生就是一场修行 / 001

感恩的人是快乐的 / 002

感恩自己的父母 / 006

朋友多了路好走 / 009

感恩朋友知心的关怀和援助 / 012

感谢别人的羞辱 / 016

容纳对手,和谐共赢 / 020

学会感谢你的对手 / 024

第二章 让每一个平凡日子,都变成美好时光 / 029

做一个善于帮助别人的人 / 030

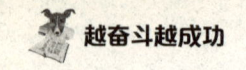

帮助别人，就是帮助自己 / 033

给予远远比接受更让人快乐 / 038

雪中送炭，缔结好人缘 / 042

自私是人生路上的绊脚石 / 047

学会与人分享，而不是独享 / 052

勿以善小而不为 / 056

第三章　把人生中的压力转化为一种力量 / 059

赶走悲观，让自己变得乐观起来 / 060

快乐真不少，全靠自己找 / 064

每天快乐一点点，快乐生活每一天 / 068

乐观心态让我们有更多快乐 / 073

换个心态，换种心情 / 077

让世界跟我们一起笑 / 081

承认残缺也能获得快乐 / 086

第四章　总有一个情怀，支撑你义无反顾 / 091

穷且弥坚，不坠青云之志 / 092

要立长志，不要常立志 / 096

壮志满怀，实现人生的理想 / 100

志向高远，要从低处着手 / 104

穷，也要站在富人堆里 / 108

人生贵有志，不要虚度光阴 / 112

安于现状只会让你志气低沉 / 116

第五章　你的热血是理想的另一种诠释 / 121

永远都不要逃避 / 122

选择逃避是弱者的表现 / 126

走出失望，才能获得希望 / 131

跌倒之后要爬起来 / 135

接受现实，挑战苦难 / 140

不要逃避现实，而是要解决问题 / 144

勇敢地面对不幸，战胜怯懦 / 147

第六章　从"心"开始，遇见未知的自己 / 153

成功就差那么一小步 / 154

用执着闯出一片天地 / 159

涓滴之水终可穿石 / 163

锲而不舍，才能创造奇迹 / 167

有一股子执着的"牛劲" / 171

凡事都不可半途而废 / 175

方向正确，就要坚持下去 / 178

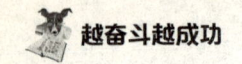

第七章　生命因一句忠告而变得美丽 / 181

　　积蓄美德，让自己更有魅力 / 182
　　诚信使人迈向成功 / 186
　　做人要谦虚 / 190
　　能容人处且容人 / 194
　　要低调，不要咄咄逼人 / 199
　　脚踏实地，切莫好高骛远 / 204
　　细节决定成败 / 210

第八章　总有一份付出，让你有所收获 / 215

　　勤奋是通向成功的良好路径 / 216
　　成功不会去敲懒汉的门 / 221
　　勤奋之人能创造奇迹 / 225
　　"笨"鸟先飞 / 229
　　付出勤奋，收获成功 / 233
　　每天多做一点会更接近成功 / 237
　　今日事，今日毕 / 241

第一章

记住,人生就是一场修行

感恩源于你对生活的感动,源于你对生活的珍惜,没有人会感激自己不重视的东西。感恩你的家人,你就能获得幸福;感恩你的朋友,你就能获得友谊;感恩你的对手,你就能获得进步;感恩生活中的困境,你就能勇于面对厄运。

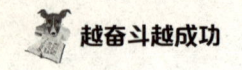

感恩的人是快乐的

世上没有十全十美的事物，没有一帆风顺的人生。在现实生活中，如果我们遇到不顺心或做了好事反被人误解的时候，我们需要的不是抱怨，而是心存感恩来化解我们的抱怨。只有这样，我们的精神才会得到升华，才能明确自己应该做哪些努力。因此，我们需要感恩这盏明灯，驱除我们内心的阴暗，改变自己的抱怨情绪，进而远离痛苦。

哲人说过，世界上最大的悲剧和不幸就是一个人大言不惭地说："没人给过我任何东西。"这类人总觉得社会亏待了他们，他们对一切事物都不满意，总觉得自己应该得到更多，却从来不想想他们自己为社会、为别人付出了多少。

传说，有个寺院的住持大师给寺院立下了一个特别的规矩：每到年底，寺里的和尚都要面对住持说两个字。第一年年底，住持问新来的和尚心里最想说什么，新来的和尚说："床硬。"第二年年底，住持又问那个和尚心里最想说什么，那个和尚说："食劣。"第三年

第一章
记住，人生就是一场修行

年底，那个和尚没等住持提问，就说："告辞。"住持望着那个和尚的背影自言自语地说："心中有魔，难成正果。可惜！可惜！"

住持大师所说的"魔"，其实就是那个和尚心里无休无止的抱怨。那个和尚只考虑到自己要什么，却从来没有想过别人给过他什么。像那个和尚那样不懂得感恩的人在现实生活中有很多。倘若一味抱怨，那就只会看到生活的阴暗面，一直活在痛苦之中。

荀子曰："自知者不怨人，知命者不怨天，怨人者穷，怨天者无志，失之己，反之人，岂不迂乎哉！"意思就是说，有自知之明的人从不抱怨别人，掌握自己命运的人不抱怨天；而抱怨别人的人则是穷途而不得志的人，抱怨上天的人就不会立志进取。某心理学家做过一个关于抱怨的心理测试，得到这样一个结论：如果你想抱怨，生活中的一切都会成为抱怨的对象；如果你不抱怨，即便在生活中遇到不顺心的事，你也会一笑置之。

刘艺州从业多年，在他的领域里积累了丰富的经验，但他依旧没有被提拔。因而他没有继续选择留在原来的单位，而是准备跳槽了。他来到了一家大型的公司应聘，按理来说，在众多竞争者中他的工作经验最丰富、学历最高，而且以往的工作成绩也显著，应该能被录取。但是，这家公司最终并没有录取他。

刘艺州对此非常不解，就问这家公司是怎么回事。公司回应说："的确，您在各个方面都很优秀，但是复试的时候，我们发现您是一个喜欢抱怨的人。你抱怨中午的工作餐不合口味；抱怨工作差、工资少；抱怨一身才华无法施展；抱怨没有人赏识……据我们所知，我们公司的规模和体制跟您上家公司差不多，我们担心您来到我们

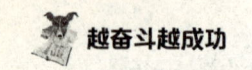

公司还是会抱怨,所以我们只能说抱歉了。"

抱怨是一种无能的表现。工作中不可能事事如意,也许暂时会不顺,但不可能永远地失衡下去。如果你懂得感恩,将这些不如意化为动力,那么就能真正地提高工作效率,收到实际效果,进而获得领导的认可。

生活中,感恩无处不在,父母给了我们生命,抚养我们健康成长;老师给予我们知识,辅导我们成才;社会给了我们工作,让我们能够生存……这一切都需要我们感恩。对生活心存感激,就能从容地面对生活中的挑战;对生活心存感恩,心中梦想执着追求的信念就不会磨灭。只有这样,你才会拥有健康的心态,拥有积极的人生观,就会享受到生活所赠予你的一切。

在生活中,一个懂得感恩的人不仅会使他人感到快乐,也会使自己更加积极向上。

在微软总部大厦内,曾经有一个年近50岁的女清洁工。跟其他人比起来,她的学历最低,拿到的薪水也最少。然而,她却从来没有抱怨过这一切,每天都是快乐地工作、快乐地生活。一到上班时间,她总是认真履行自己的职责,将大楼的每个区域打扫得一尘不染。在力所能及的范围内,她还总是热心地去帮助别人,也从不要求他人回报。就这样,大楼里的人几乎都成为了她的朋友,每个人也都非常愿意跟她打招呼。

微软总裁比尔·盖茨看到了这个现象,心里非常疑惑。有一次,在一个偶然的机会下,比尔·盖茨问她:"你为什么总是能保持工作热情,并且又是那么快乐呢?"

第一章
记住，人生就是一场修行

这个女清洁工笑着说："我曾经没有工作，没有任何经济来源。如今公司给了我一份工作，我能拿到薪水，可以供我女儿读完大学。对此，我的内心非常感激。对于公司的这份恩情，我不知道该如何回报，只好尽我所能做好工作，为大家做一些事情，也为公司的发展贡献一份我的绵薄之力。"

比尔·盖茨被这个清洁工的真诚打动了，他觉得微软不能错过这样的人才，也正需要她这样的人才。

感恩是我们都应该有的一种心态，是人的一种自身调节的方法和手段，它会使人变得谦恭。曾有人说："我来到这个世界就是服侍所有人的。"这是一种多么高尚的情怀啊。

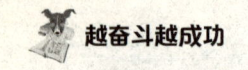

感恩自己的父母

父母是我们最亲的人，但是朝夕相处也难免会有磕磕碰碰。俗话说：牙齿与舌头也难免会有打架的时候，这话一点也不假。生活中，有人因为觉得自己长得不好看而抱怨父母，有人因为父母不能提供足够的物质条件而抱怨父母，甚至有人因为父母年老体衰需要照顾而抱怨父母，这些都是极不可取的。这种抱怨只会伤害爱我们的父母。如果有了矛盾，我们一定要做到不抱怨、不指责、不争吵，要信任和理解，甚至迁就父母，不管事情到了哪一步，就算是他们不小心好心办了坏事，我们也绝不能抱怨他们，因为那样只会伤了他们的心。

有一个女孩，毕业之后留在了北京工作，自己租房住。一天晚上，外面下起了大雪，11点的时候，她就钻进被窝了，拿起闹钟准备定个时间，才发现闹钟停了，原来是电池没电了。由于天太冷，所以她不愿意再起来专门去买电池，于是就用座机给妈妈打了个电话："妈，我闹钟的电池没电了。明天还要去公司开会，不能迟到，

第一章
记住，人生就是一场修行

你六点半的时候打个电话叫我起床吧。"妈妈答应了。

第二天早上，电话铃声响了，她迷迷糊糊地接了电话，听到那边说："小莉你快起床，今天你要开会的。"她看了看表，才刚刚六点，便不耐烦地叫起来："我不是让你六点半叫我吗？你现在打电话太早了。"妈妈在那头突然不说话了，她也就挂了电话。

她出门来到公交站台等车时，周围还是黑漆漆的。不过，站台旁边却早已经站着两个白发苍苍的老人。小莉听到老先生对老太太说："你看你一晚都没有睡好，几个小时前就开始催我了，现在等这么久，冻坏了吧。"

小莉一看表，第一趟班车还要五分钟才能到达。过了一会儿，车来了，司机是一位很年轻的小伙子，等小莉上车之后就把车开走了。小莉说："司机师傅，下面还有两位老人呢，他们等了很久了，你怎么不等他们上车啊？"

年轻司机神气地说："那是我爸爸妈妈！今天是我第一天开公交车，他们是专程来看我的！"

小莉听了，心里有一丝酸楚。晚上回到家，她接到了爸爸打来的电话："小莉啊，你妈妈说是她不好，不该那么早叫你起床。不过她一宿都没有睡好，半夜就醒了，一直让我提醒她别晚了，她担心你会迟到。"那一刻，小莉忍不住哭了起来。

其实父母对孩子的爱总是无私的，在他们心里孩子的事总是大于天。只是很多为人儿女的人忽视了这一点，反而总是抱怨自己的父母这里不好那里不好。人要学会感恩，拥有感恩之心的人才能真正感受到爱的力量。如果有一天，我们的父母老了，不能再为我们

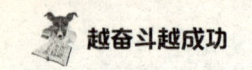

挡风遮雨了，也请你不要抱怨，用他们对你的耐心来对待他们吧。

很久之前，有一位老母亲，辛辛苦苦将儿子抚养成人后，自己也变老了，逐渐失去了生活能力，儿子和儿媳妇都嫌她是个累赘。有一天，她的儿媳妇怂恿丈夫将她遗弃在深山中。这个儿子背着母亲往深山里走，途中听到老母亲折断树枝的声音。他心想："一定是老母亲被遗弃之后，担心找不到下山的路，所以用来做记号的。"不过，他也没有在意，而是继续往深山里面走。到达目的地之后，他放下老母亲，冷漠地对她说："我们就在这里分别吧！"这时候，母亲慈祥地对他说："上山的时候，我用树枝做了记号，你顺着记号下山，就不会迷路了。"儿子听后，没有多说什么，而是背起母亲按照原路返回了家里。从此，他开始好好地孝顺母亲了。

我们从小就习惯了接受父母的爱，可是当父母老去，需要我们付出的时候，大多数人会觉得年老的父母不能劳动，不能工作，还需要自己的照顾，心理终会渐渐失衡，或无休止抱怨，或摆脸色。要知道，父母正是因为养育我们才衰老的。我们对父母尽孝心，其实很简单，只要不抱怨他们，他们就心满意足了。

家是一个温暖的地方，可以为我们挡风遮雨，是我们人生路上永恒的避风港。对于父母，我们要懂得感恩，只有这样我们才会懂得生活，才能体味生命的真谛，才能享受到生活的幸福和生命的快乐，不要等一切都来不及时再去懊悔自责。让我们在父母有生之年，用孝心给年迈的父母送上一份快乐和幸福吧！

第一章
记住，人生就是一场修行

朋友多了路好走

人生在世，总是有许多朋友，俗话说得好："朋友多了路好走。"这话一点也不假。

走在人生的道路上，难免会遇到麻烦，没有朋友的帮助还真不行。听听周华健的《朋友》，大家肯定都有所感慨。

我们常说朋友多了路好走，如果你自私自利，总是吝啬于帮助别人，即使你有再多的朋友也都是摆设，你的路照样不会好走。如果你能够在关键时刻帮人一把，那么别人也会在重要时刻助你一臂之力！初看起来似乎是等价交换，其实，朋友的意义就是一种互助，因为我们都不可能像鲁宾逊那样独自一人闯天下，要想有所作为，必然少不了朋友的帮助，互相帮助能让我们的路走得更远。

米歇尔是一位青年演员，英俊潇洒，很有天赋，演技也很好，刚刚在电视上崭露头角。从职业发展来看，他需要有人为他包装和宣传以扩大名声。目前，他迫切需要一个公关公司为他在各种报刊杂志上刊登他的照片及有关他的文章，以增加他的知名度。不过，要建这样的公司，需要很大一笔资金，米歇尔自己没有那么多的钱。

一次偶然的机会，他遇上了莉莎。莉莎曾经在纽约一家最大的公关公司工作过多年，她不仅熟知业务，而且也有较好的人脉。几个月前，她自己开办了一家公关公司，并希望最终能够进入公共娱乐领域。但是让她烦恼的是，到目前为止，一些比较出名的演员、歌手、夜总会的表演者都不愿与她合作，她的生意主要还只是靠一些小买卖和零售商店来维持。

米歇尔与莉莎一拍即合，便联手干了起来。米歇尔成了莉莎的代言人，而莉莎则为他提供抛头露面所需要的经费。他们的合作达到了最佳境界，米歇尔是一名英俊的演员，并正在时下的电视剧中出现，莉莎促使一些较有影响的报纸和杂志把眼睛盯在他身上。

这样一来，莉莎自己也变得出名了，并有机会为一些有名望的人提供了社交娱乐服务，他们付给她很高的报酬。米歇尔不仅不必为自己的知名度花钱，而且随着名声的扩大，也使自己在业务活动中处于一种更有利的地位。

莉莎和米歇尔在合作中获得双赢，让自己的需要与对方的需要同时得到满足，互助使他们同时迈上了成功的台阶。

相互帮衬往往不在于你帮的心是大是小，出的力是多是少，有时候甚至也不过是些惠而不费的小节，然而往往能够事半功倍。成功不能只靠自己的强大，有时还需依靠别人。所以，只有帮助更多人成功，你自己才能更成功。

大多数人都有点自私自利的心理，常常考虑自己多一些，而考

第一章
记住,人生就是一场修行

虑别人就少一些,能慷慨无私地先去帮助别人并不是人人都能做到的。要想别人怎么对待我们,首先就要怎样对待别人。要想在关键时刻赢得朋友的帮助,就要先付出。付出不一定会有回报,但倘若你毫不付出,你的生活必然是竹篮打水一场空。

朋友对于我们来说就像是在夏日漫长旅途中的一棵大树,给我们遮挡烈日,为我们继续前行积蓄力量。很多人平时不注意多结交几个真心朋友,需要帮助的时候才一筹莫展,感叹前路无知己。成大事者深深懂得朋友的价值,他们视朋友为人生最大的财富,是他们能够依靠和勇往直前的动力。

无论你是世界上多么富有、多么优秀的人,都不能孤立存在,更不可能只身闯天下。人生路上,朋友之间,你帮我一把,我拉你一下,甚至互相搀扶着,都是为了更好地赶路!所以,人不要太自私,不要在朋友需要的时候悄悄地走开。记住:朋友互助,路才好走!

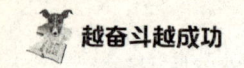

感恩朋友知心的关怀和援助

在成功的道路上，自身的努力拼搏当然是最重要的力量，但是如果旁边没有人为你摇旗呐喊，摔倒时没有人伸手将你扶起，孤军奋战的你一定会被痛苦压倒，被孤独打败。所以，人生在世，拥有朋友的日子是幸福的，我们应当对朋友的关怀、信任、宽容、善待与援助心怀感激。"路遥知马力，日久见人心"，"岁寒知松柏，患难见真情"，真正的朋友，让你永远都有一个坚实的依靠，他们不仅愿意与你同尝甘甜，而且能够和你共担苦难，甚至以生命来践行对你的承诺。

在现实生活中，朋友常常是我们日常生活中的伙伴、工作及事业上的推动者。

大学毕业后的哈维·麦凯开始找工作。当时大学毕业生还不多，他以为可以找到最好的工作，结果却无功而返。但哈维·麦凯的父亲是位记者，他认识一些政商界的重要人物。

这些重要人物之中有一位叫查理·沃德的人，他是布朗比格罗公司的董事长，他的公司是全世界最大的月历卡片制造公司。4年前，沃

第一章
记住，人生就是一场修行

德因税务问题而服刑。哈维·麦凯的父亲觉得沃德的逃税一案有些失实，于是赴监狱采访沃德，写了一些公正的报道。沃德非常喜欢那些文章，他几乎落泪地说，是哈维·麦凯的父亲努力写出了公正的报道，使他很快出狱了。出狱后，沃德问哈维·麦凯的父亲是否有儿子。

"有一个，在上大学。"哈维·麦凯的父亲说。

"什么时候毕业？"沃德问。

"他刚毕业，正在找工作。"

"噢，那刚好，如果他愿意的话，叫他来找我。"沃德说。

哈维·麦凯第二天便打电话到沃德的办公室，刚开始，秘书不让他见。后来哈维提到他父亲的名字三次，才跟沃德有了通话的机会。

沃德当时就说："你明天上午10点钟直接到我办公室面谈吧！"第二天，哈维·麦凯如约而至。不想招聘会变成了聊天，沃德兴致勃勃地聊哈维·麦凯父亲的狱中采访。整个过程非常轻松愉快。在聊了一段时间后，他说："我想派你到我们的对街——'品园信封公司'工作。"

哈维·麦凯站在办公室内，想起1个月前还在街上闲晃的情景，心里美滋滋的。因为，他不但有了一份工作，而且还是到这样一个薪水和福利非常好的公司工作。

事实上，他得到的不只是一份工作，更是他的一份事业。在42年后，哈维·麦凯成为全美著名的信封公司——麦凯信封公司的老板。很多年后，哈维·麦凯还经常说："感谢沃德，是他给了我工作，是他创造了我的事业。"

感恩朋友，因为他可能在我们人生道路上的关键之处起到推动作用，即使并非如此，朋友的言行也是我们的一面镜子，可以暴露我们的缺点，让我们认识自己的不足，反省自己的言行。感恩朋友、善待朋友，便是给自己架设一座通往未来的桥梁，同时也是为自己构筑一个幸福的舞台。

罗曼·罗兰说过："有了朋友，生命才显示出它全部的价值。'智慧'和'友爱'是照亮我们黑夜的唯一的光芒。"朋友的支持可以帮你成功，包括逆境时的鼓励、挫折时的扶持等。

时装女皇沙涅尔出生在法国西南部的小镇索米尔。1899年春天，她经人介绍来到一家缝纫用品商店当售货员。后来她跟恋人一起去了巴黎，在康蓬大街31号公寓里租了个小房间住下来。可惜，恋人对沙涅尔的雄心壮志不甚理解，两人经常发生口角。恋人的英国朋友亚瑟·卡佩尔从中做了不少调解工作，但最后他们还是分手了。

在举目无亲的巴黎，沙涅尔作为一个弱女子，要开拓事业的确不容易。在这窘迫而又关键的时刻，朋友卡佩尔向她伸出了援助之手。这个生性随和、不拘小节、家境富裕的异邦人是沙涅尔在巴黎进入服装业的强力支撑。

1912年，卡佩尔出资帮助沙涅尔开了一家帽子店。开张后，沙涅尔以低价从豪华的拉菲特商店购买了一批过时、滞销的女帽。她把帽子上俗气的饰物统统拆掉，适当加以点缀，改制成线条简洁明快的新式帽子。这种帽子透着新时代的气息，非常适应大众化的趋势。沙涅尔为顾客示范帽子的戴法时，也一反常态，总把帽子前沿低低地压到眼角上，显得很神气。这种新颖别致的帽子，大受巴黎妇女的欢迎，被称之为"沙涅尔帽"。这种别致的戴法竟在巴黎的大

第一章
记住,人生就是一场修行

街小巷流行开来,成为时尚。

"沙涅尔帽"的流行,使沙涅尔很快还清了借款,并积累了一定的资金。小试锋芒即旗开得胜,沙涅尔的信心大增,她不再满足于当制帽商,而是大胆地涉足服装业。她订购了一批价格低廉的布料,做成最新样式的女式衬衫,还给这种服装起了个挺别致的名字"穷女郎"。这种简洁、宽松的衬衫如今看来很平常,但相对那时候的巴黎,相对繁杂、缠裹盛行的老式服装而言,就给人以耳目一新的感觉。"穷女郎"一露面,立即得到巴黎妇女的认可,并很快抢购一空。

之后,沙涅尔又接二连三地推出一批与巴黎妇女传统服饰大异其趣的服装,还发明了女式挎包。她又创造了仿宝石纽扣。这种纽扣成本低,色彩与光泽都比真宝石纽扣好看。此外,她还别具一格地制造了"大框架太阳镜"。"沙涅尔服装"配上这些配件,更是锦上添花,增加了不少魅力。这些服装和配套物品,今天看来是十分寻常的。但在当时与那些叠床架屋般的里三层、外三层的繁复的穿戴习惯相比较,却无异于一场了不起的革命。沙涅尔终于用自己这种脱俗的设计风格,在巴黎时装界拓出一片明朗的新天地。

沙涅尔能够成为时装女皇,可以说来源于朋友卡佩尔的最初支持。离开了朋友的支撑,很难想象她在巴黎能够成功。

人仅凭一己之力,是很难有大的成就的。因为一个人的力量毕竟太有限了,就算你浑身是铁,也打不成几个铁钉。这一点微薄之力甚至连自己都保护不了,又怎么能和别人竞争呢?真正的友谊,使你从朋友那能够获得支持,能够产生巨大而神奇的力量。当你成功的那一天,请不要忘记那些曾帮助你的朋友。

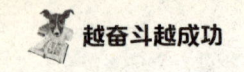

感谢别人的羞辱

年轻人刚刚踏入社会，难免会遇到一些折磨，也会遇到一些羞辱。此时，你不应该忘记羞辱，但这并不代表你应该记住仇恨，而是应该让这羞辱勉励自己、鼓舞自己，改变现状，然后出人头地。经历过羞辱的人，梦想会更明朗，信念也会更加坚定。我们要感谢那些羞辱我们的人，因为他们的羞辱，我们内心那股奋起的能量才会被激发出来。我们要用那些羞辱的话鞭策自己不断努力，改变现状，朝着成功迈进。

小宋是个农村孩子，高中毕业没有考上大学，选择了回家务农。他的父亲认为，光种地不行，必须得掌握一门技术，这样就会生活得好点，于是就给他找了个电工师傅，让他学习电力技术。从此，小宋跟着师傅开始了忙碌的生活，虽然吃了很多苦，受了很多委屈，又多次悲观绝望，但他还是坚持了下来。通过自己的努力，他的电力技术越来越熟练了。

高中毕业后，虽然他没有再上学，但是一直和高中同学保持

第一章
记住，人生就是一场修行

联系。有一天，一个高中同学来看望小宋，当时他正在给别人装修房子，身上脏兮兮的。同学见到他，很不舒服，说了一句："没想到你现在在做体力活，你活得真是太差劲了，窝囊废。"然后就离开了。

面对这样的打击和嘲讽，小宋心里非常难受。他暗暗发誓：我一定要混出个模样来，不能让他们小瞧了我。从那以后，他更加勤奋了。在工作之余，他发奋读书，不仅顺利通过了成人自学考试，还考上了县里的公务员。

如今他已经是单位的副科长了，工作出色，时常得到领导的夸奖和同事的赞赏。

我们可以看到，小宋的同学鄙视他，更说了难听的话，很伤他的自尊。但是，这种羞辱却激发了小宋的斗志，激发了他前进的动力，让他获得了成功。当一个人受尽打击时，自身的潜能才能被激发出来，而且唯有此时，才能越挫越勇，最终突破现状。在胸怀大志的人的心目中，羞辱和嘲讽对他们几乎构不成任何伤害，反倒会更加激励他们奋斗的勇气，所以他们能够笑到最后。

在打击和嘲笑面前，我们就应该有这样的心态，越是有人打击，自己就要越坚强；越是面对恶毒的人，就越要懂得感谢。我们需要的不是抱怨，而是将别人对你的打击、伤害与羞辱转化成你前进的动力，等到你成功的那一天，就会发现打击和苦难也是人生的宝贵财富。如果人生没有被人羞辱过，那么这样的人生是不完美的。

那些伤害你的人，虽然给予了你曲折与坎坷，但会让你学会如何在人生之路的风霜雨雪和曲折坎坷中屹立不倒。羞辱不仅能磨炼

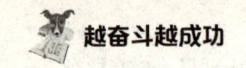

自己的人格，也会在思考和感悟中拓展心灵空间，它就是一种动力，这种动力能促人崛起。

学会对打击和嘲笑抱着一种积极的态度。受到打击和嘲笑时，不应该是愤恨难消，而是应借着打击来锻炼自己的心性、品格。所以，要学会感谢打击你的人，感谢他们给了你锻炼自己、提升自己的机会。

曾经有一个出生于贫寒的单亲家庭的黑人男孩。他的父亲在他很小的时候就去世了，家里只留下了他与母亲两个人。母亲的工资不高，每个月不到30美元，生活过得很是艰辛。可是，明智的母亲还是将他送进了学校受教育，靠着学校的救济学习。然而，他非常争气，学习很刻苦，成绩也一直名列前茅。尽管学习成绩不错，但他丝毫没有自满。因为他知道像他这样依靠学校接济的人，只能好好学习，没有学校的帮助，也就不会取得现在的好成绩。所以，除了刻苦学习之外，他还时刻提醒自己要懂得感恩、奉献爱心。

有一天，班主任老师倡导同学们为"社区基金"捐钱。听到这个消息后，他助人的念头也悄然在心中萌芽。于是，他默默地付诸行动……几天后，到了募捐那一天，他手里攥着自己捡垃圾挣来的3美元，激动地等待着老师叫他的名字。他想，等到老师叫到他的名字，他就可以自豪地走上讲台捐出自己挣来的辛苦钱了。但是，奇怪的是，班主任老师喊遍了其他所有同学的名字，唯独没有叫他。他心里非常不解，便找到了老师，问老师是怎么回事。

谁知，班主任老师冷冷地说道："我们这次募捐正是为了帮助像你这样的穷人学生。如果你的家里能够拿得出5美元的课外活动费，

第一章
记住，人生就是一场修行

那么你就不用领救济了。"老师的话语深深地刺痛了他的心。自尊心受到伤害的他离开了学校，再也没有回来。

时光如流水，转眼之间，20年一晃而过。突然有一天，男孩出现在了美国最著名的电视节目上，原来他如今已经成为美国著名的节目主持人，他就是狄克·格里戈。

谈及他的成功，很多人都认为是贫穷的环境激励了他。但是，他却说："不完全是这样。还有20年前，那次心灵的伤害，来自班主任的羞辱。"有人问他："你还和那个老师有来往吗？"他说："我当上主持人的第一天就买了一大束鲜花亲自送给了她。我想告诉大家，要感谢羞辱过你的人。因为，正是他们的羞辱给了你进取的动力。"

人的一生并不都是一帆风顺的，总会遇到各种各样的困难、挫折，既有来自自身的，也有来自外界的，尤其是在向前方走、向高处攀的人生之路上，必定会因触动他人的利益而遭受攻击。羞辱，是一种痛，有时甚至会使人丧失斗志。然而，无论经历过何种煎熬、何种伤害，只要你挺过来了，你就获得了一笔人生财富，更重要的是，你的心志因此得到了磨炼，你知道了什么叫作坚强。

生活中的打击，别人的羞辱其实也是天赐的机遇。所以，请试着感谢那些曾经伤害你的人吧！因为被伤害也是一种人生经历，虽然很痛，但可以让自己从中奋起，逐步强大，更加坚强。虽然被伤害，但依然要感谢伤害你的人，因为他让你体验了另外一种爱。朋友，不要抱怨，放开心胸感谢他吧，是他让你知道自己原来还不完美，否则不会让别人不满。

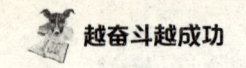

容纳对手，和谐共赢

人和人之间难免有碰撞、摩擦、矛盾，或许对方根本就是无意，或许对方有难言之隐，这都是人之常情。每一个人都有属于他自己的优点和过人之处，问题就在于你怎样去看。正所谓，退一步海阔天空，所以不妨试着容纳你的对手，给别人也给自己一次机会，也许你就会欣赏到他的魅力，也许你就会有意想不到的收获。

著名作家卡夫卡说："善待你的对手，方尽显品格的力量和生存的智慧。"所以，不要忌妒对手，而是要学会尊重和了解对手，因为与强劲的对手竞争时才能发现自己的不足，才能增强自己的危机感和风险意识，才能总结经验教训，取人之长补己之短。容纳对手，就是成就自己。

约翰一家祖辈三代都居住在小镇上，从祖父那一辈开始，家族就在镇子上开了一家杂货铺。后来，这家杂货铺的经营权传给了约翰。由于约翰一家的杂货铺买卖公道，所以生意一直不错，并且口碑也非常好。他的铺子对镇上的人来说，是无人不知、无人不晓的，

第一章
记住，人生就是一场修行

几乎每个人都离不开它。

渐渐地约翰年纪大了，想要自己的儿子来接手他的杂货铺。有一天，一位外乡人来到了这里，在约翰的杂货铺对面的店铺搞起了装修，原来外乡人要在这里开一家新的店铺。约翰心里非常不爽，于是在自己的店铺门前贴了一张告示：此店铺于100年前开张。人们看了告示，只是微微一笑，并没有揭穿约翰。

在对面新店开业的前一天，约翰苦恼地坐在店门口，愁眉不展。他的太太走过来对他说："亲爱的，你对这家新店难道有什么意见吗？""是的，我现在真想放一把火把它烧掉。"太太又说："不，亲爱的，你现在要做的就是去祝贺那家新店的主人。因为我觉得你的老实厚道是最迷人的，这样的人怎么能有恶念呢？"约翰听了妻子的话，决定第二天去祝福他的竞争对手。

第二天，约翰来到了对面的新店门前，走上前去，大声地对新店主人说："外乡老弟，恭祝你开业大吉，谢谢你给全镇人带来了方便。"话音刚落，周围的人就围住了约翰，称赞他是全镇人的骄傲。那个外乡人也乐呵呵地握着约翰的手，表达了谢意。后来，他们的小镇越来越大，人越来越多，而约翰的生意并没有因为外乡人的店铺而受到影响，还是一如之前般红火。

面对竞争，互相拆台的结果是非常可怕的，搞不好会两败俱伤。这个简单的道理不仅适用于生意场上，也适用于人与人之间、家庭之间。很多人都以为，竞争就一定会有胜负。其实不然，竞争不一定是一件坏事，不一定非得损人利己。只要容纳对手，通过有效合作，出现皆大欢喜的结局也不是不可能的。那些真正能够成就大事的人，总是把对手当作自己的伙伴，在竞争中提高自己的智慧和能力。因为你的对手从事的是和你一样的工作，所以他不仅是你的敌人，更是你学习的对象。

在一般人看来，对手永远只是与我们相对立的人，是搅乱我们平静生活甚至为我们的人生道路带来坎坷的刽子手。因此，他们总是用敌意的目光来看待对手。但是，要想容纳对手，我们就不能充满敌意，反而要化敌为友。

有一年，小何所在的公司总部任命他去一座大城市做冰箱销售代理。虽说公司在那里有一定的销售基础，但随着许多有实力的大公司纷纷进入，公司在那个大城市的销售业绩还不如一些中小城市。所以很多人都不愿意去，不过信心满满的小何毅然决定前往。临行前，大家纷纷为小何抱不平，更多的人却是为自己没被派去那个城市而感到庆幸。小何只是淡然地和大家告别，因为他坚信那个地方或许会有很大的潜力。

两年之后，小何带着最佳销售业绩回到了公司总部，受到了老总的表扬。在全公司员工大会上，小何被邀请上台，请他谈谈这两年成功的经验。

小何平静地说，当初接到公司的任命也失落过，甚至有过辞职不干的念头，但最后还是决定先试一下。来到了那座大城市，小何开始进行了市场调查，发现情况非常不乐观，公司基本上已经处于市场的边缘。但小何并没有因此失去信心，而是开始了新一轮的营销策略。他不仅对产品进行宣传，而且对产品的售后服务及质量安全都作出了新的承诺。慢慢地，小何所在公司的冰箱销售情况有所

第一章
记住，人生就是一场修行

好转。

最让人觉得不可思议的是，小何竟然帮助他的竞争对手。那一次，竞争对手推销出去的冰箱因质量原因被投诉，媒体也对其进行曝光。小何主动到那家公司，帮对手出谋划策，还派出自己的技术骨干帮助对手改进技术，最终使对手渡过了难关。这件事情之后，小何的公司在那里名声大振。接下来，小何又进一步和其他销售公司沟通，规范市场，使得那里的竞争由无序变为有序。渐渐地，小何公司的冰箱成为那个地区最成功的品牌之一。

小何最后说，正因为有了对手，才会时刻激励自己挖掘潜力。他建议，化敌为友。因为对手就像是强心剂，使你永远充满活力，对手是值得学习的。

不管对手弱小还是强大，我们不要抱怨他们给我们带来的竞争压力，而是要容纳对手，化敌为友。我们从弱小的对手身上能感知一份自信的力量，从强大的对手身上看到自身的不足，这都有利于我们朝着成功迈进。所以，向你的对手祝愿，容纳你的对手，你们会携手共同走向辉煌，实现双赢。如此一来，你还会抱怨不休吗？

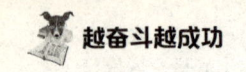

学会感谢你的对手

每个人的一生都不会是一帆风顺的。在漫长的旅程中，难免会遇到坎坷挫折。每当这时，我们常常想到的是对手如何强大，把失败的原因推向对方。可是，你是否想过正因为对手的"狡猾"，才突出了你的"稚嫩"；正因为对手的强大，才突出了你的弱小；正因为对手的前进，才突出了你的故步自封。你应该感谢对手，是因为他们的存在才让我们看到了自身的不足。

行走人生，我们不能缺少对手。有一个访谈节目采访奥运冠军刘翔，当主持人问他取得好成绩的奥秘时，他说："我把以前的奥运冠军当作我的对手，把他们当作我追赶的目标。我不断地告诉自己要赶上他们，要超过他们。"是的，正是因为有约翰逊等超级对手的存在，正是因为有这种重视对手、追赶对手的精神的存在，才使得刘翔的人生与众不同，体现出别样的精彩。

从小到大，我们在与竞争对手的你追我赶、争先恐后中共同成长。提起对手，我们更多的是羡慕、嫉妒和怨恨，觉得是他们占尽

第一章
记住，人生就是一场修行

了先机，抢尽了风光，夺走了本该属于我们的光辉和灿烂，让我们变得平庸和无能。更让人苦恼的是竞争对手的优秀会让我们时不时对自己的能力产生怀疑，觉得自己不够突出，总感叹自己如沙粒般暗淡，对手如宝石般灿烂；自己如小草般渺小，对手如树木般参天；自己如失意燕雀，别人如得志鸿鹄，直上云霄，享万里鹏程。总抱怨命运对自己不公平，为什么受伤、失败的总是我？好像是对手剥夺了我们品尝胜利和成功的机会。因为对手，我们可能会怯懦、会迷茫、会妄自菲薄、会自暴自弃、会自轻自贱、会自怨自艾、会烦闷易怒，于是乎，很多人会迁怒于对手，并视对手为眼中钉、肉中刺，总想寻机讽刺、挖苦、打击对手，大有让对手一败涂地才能解心头之恨。这实在是一种不健康的心理、不明智的举动。这只能让你背上沉重的心理负担，让你活在对手的阴影里不能自拔，让你失去了自我，更失去了本该属于你的胜利和喜悦。

黎巴嫩诗人纪伯伦说："只有当你被追逐的时候你才最迅速。"正是有了对手的追赶、逼迫，我们才永不懈怠，奋勇前进。没有这些对手，人们可能会安于现状，贪图安逸，渐渐泯没了才华。有了对手，就会有一种压力，保持警觉，树立起忧患意识，就能激发旺盛的斗志，从而发掘潜能、创造佳绩。

加拿大有一位长跑教练以在很短的时间内培养出了几位长跑冠军而闻名，有很多人来他这里探询他的训练秘密。谁也没有想到他成功的秘密是因为有一个神奇的陪练，而这个陪练不是一个人，而是一只凶猛的狼。

他说自己是这样决定用狼作为陪练的：因为他训练的是长跑队

员，所以他一直要求他的队员从家里来时，一定不要借助任何交通工具，必须自己一路跑来，作为每天训练的第一课。他的一个队员速度一直提升不上去，每天都是最后一个到，而他的家还不是最远的。这位教练甚至都想告诉他让他改行去干别的，不要在这里浪费时间了。但是突然有一天，这个队员竟然比其他人早到了20分钟。这位教练知道他离家的时间，计算了一下，惊奇地发现这个队员今天的速度几乎可以超过世界纪录。这位教练见到这个队员的时候，他正气喘吁吁地向队友们描述着他今天的奇遇。原来，他在离开家不久，经过那一段有5千米的野地时，遇到了一只野狼。那只野狼在后面拼命地追他，他拼命地在前面跑，那只野狼竟然被他给甩下了。

教练明白了，这个队员今天超常的成绩是因为一只野狼，因为他有了一个可怕的"敌人"。这个"敌人"使他把自己所有的潜能都发挥了出来。从此，这位教练聘请了一个驯兽师，找来几只狼，每当训练的时候，就把狼放开。没有多长时间，队员的成绩都有了大幅度的提高。

真正让你成熟起来的不是顺境，而是逆境；真正让你热爱生命的不是阳光，而是死神；真正促使你奋发努力的不是优裕的条件，而是遇到的打击和挫折；真正逼迫你坚持到底的除了亲人和朋友，就是你的对手；真正让你成功的机遇，也许就在你与对手的竞争之中。

没有了竞争对手，就没有了比较的参照物，你就会松懈，就会倦怠，就会不思进取，就失去了前进的目标和方向。俗话说得好：

第一章
记住，人生就是一场修行

"有压力才有动力"，也正是对手的存在才激起了你超越自我和对手的斗志和勇气，才让你迸射出努力拼搏的活力和激情，你才有最佳的表现，才能发挥出最好的成绩。

"他山之石，可以攻玉"，通过学习竞争对手的优点、长处和过人之处，可以让我们不断完善自己、丰富自己、提升自己。我们在向他们虚心请教、学习的过程中，吸取了百家之长，集结了众人之优，也就获取了得到成功的资本和条件。

对手并不是让我们痛恨的人。在我们的星球上，有一对对立了近100年的足球队——米兰双雄，"感谢"这个词也许是对这100年恩恩怨怨的最好总结。在这个漫长的百年之路中，红黑间条衫的AC米兰和蓝黑间条衫的国际米兰已经进行过近300场德比大战，曾有过美好的回忆，当然也少不了失败的惨痛教训。他们都把对方当成永远的假想敌，德比胜利的意义丝毫不逊色于联赛冠军。但是我们必须承认，正是有了这个"永远的敌人"的存在，两个米兰才能够在这么多年的拼杀中始终屹立于潮头浪尖，成为整个欧洲足球的表率。回过头来看米兰双雄，这些年走过的路可谓是艰辛曲折的，所经历的艰险更不是平常球队可以想象的，却始终未被对手击倒，很大程度是因为在他们的身边有一个蓄势待发的强大对手，督促他们始终保持警惕、不能盲目乐观。

在与竞争对手的较量中，我们不断被磨炼。如果我们是一把剑，那竞争对手就像一块磨刀石，在与对手的交锋中，把我们磨砺得锋利无比，最终能斩断荆棘，走向成功大道。越是和优秀的竞争对手在一起，就越能完善你的人格、培养你的能力、激活你的潜能、调

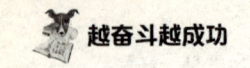

动你的热情、发挥你的才智，最终让你登上成功的领奖台。

在与对手的争斗中，我们会使出浑身解数，有多大能耐用多大能耐，有多大本事使多大本事，会不断寻求好的办法、好的途径，让我们在竞争中进步，在竞争中创新，在竞争中突破。

我们在情感上需要朋友，在成功路上需要对手。有一个相互比较竞争的对手，往往可以带来长久的成长。著名作家卡夫卡有一句经典名言："真正的对手会灌输给你大量的勇气。"我们不要把对手当作成功路上的绊脚石，而应当作成功的阶梯，因为他激起了我们的斗志，奋起直追。当对手出现时，我们不要垂头丧气，而应感到庆幸。"努力向对手学习，充分发挥自己的优势，扬长避短，发展自己，壮大自我"，这才是对待对手的正确态度，这样我们就会因为对手的挑战而得到提高。

人生如登山，只要有高峰还在前头，你的脚步就不会停止！给自己找个对手，才能激起我们挑战的冲动，对胜利的渴望，对战胜的喜悦，对超越的自豪。我们应该感谢对手！

第二章

让每一个平凡日子,都变成美好时光

　　爱心无价,让世界充满了阳光。充满爱心的世界,就是那跳动着温暖炉火的小屋;充满爱心的世界,就是那在航标灯的指引下驶进宁静港湾的航船;充满爱心的世界,就是那拥有绚丽色彩的画卷。献出你的爱心,这世界会更加美好,这世界会充满阳光。因为拥有一颗无私的爱心,便拥有了一切。

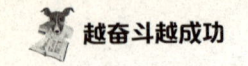

做一个善于帮助别人的人

世界上的事，有因就有果。你现在得到的别人对你的态度，是因为你曾经以这样的态度对人。假如你用自己的行动帮助、关心周围的人，周围的人也会以同样的行动关心和帮助你，那么你就会因为他人的存在感到温暖。假如你不想有朝一日在遇到困难时没有人帮忙，那你就要在别人的心中早日投放温暖，以备后用。

纽约广告巨头智威汤逊公司董事长曼宁先生曾向一群年轻的广告撰稿人做过一次演讲。那些刚刚走入社会不久的青年男女在这个人才济济、竞争激烈的广告业中都是刚刚起步的稚雏，每个人都渴望向这位广告界的传奇人物多学几招。

那天曼宁向这群听众说道："这是一场真正的竞赛，智能、才气与精力都只是这场竞赛的入场券。没有这些条件，你根本不具备进入这个行业的资格。"但他又说："但是，要想赢得比赛，你还需要具备更多的条件。你必须懂得成功的诀窍，并把它贯穿到你的整个人生。那么，什么是成功的诀窍呢？那就是：你希望别人怎样对你，你就怎样对待别人。"

是的，每个人心中都有自己的一个储藏间。当别人的给予留给自己温暖时，这种温暖就会被储藏起来。一旦别人需要帮助时，这种温暖就会被调动出来，并重新投入使用。

生活中，一些人冷漠自私，在他们固有的思维模式中，认为要帮助别人自己就要有所牺牲，所以事不关己何必为别人费心呢？其实别人得到的并非是你自己失去的，帮助别人就是在帮助你自己。下面这个小故事就可以很好地说明这一点：

瑞士的一个小渔村里，有一个叫罗吉的少年，他是一个热心的小伙子，非常乐于助人。

一个漆黑的夜晚，巨浪击翻了一艘渔船，船员们的性命危在旦夕。他们发出了求救信号，而救援队队长正巧在岸边，听见了警报声，便紧急召集救援队员，立即乘着救援艇冲入海浪中。

当时，忧心忡忡的村民们全部聚集在海边祷告，每个人都举着一盏提灯，以便照亮救援队返家的路。两个小时之后，救援艇冲破了浓雾，向岸边驶来，村民们喜出望外，欢声雷动。当他们精疲力竭地跑到海滩时，却听见队长说："因为救援艇容量有限，无法搭载所有的人，无奈只得留下其中一个人。"

来不及停下喘息的队长立即开始组织另一队自愿救援者，准备前去搭救那个最后留下来的人。17岁的罗吉立即上前报名，然而，他的母亲听到时，连忙抓住他的手，阻止说："罗吉，你不要去啊！10年前，你的父亲在海难中丧生；而3个星期前，你的哥哥约翰出海，到现在也音讯全无啊！孩子，你现在是我唯一的依靠，千万不

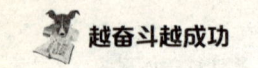

要去!"看着母亲,罗吉心头一酸,却仍然坚定地对母亲说:"妈妈,我必须去。如果每个人都说'我不能去,让别人去吧',那情况将会怎么样呢?妈妈,您就让我去吧,这是我的责任,只要还有人需要帮助,我们就应当竭尽全力地救助他。"

罗吉深深地拥吻了一下母亲,然后义无反顾地登上了救援艇,和其他救援队员一起冲入无边无际的黑暗中。一个小时过去了,虽然只有一个小时,但是对忧心忡忡的罗吉母亲来说,却是无比漫长的煎熬。终于,救援艇冲破了层层迷雾,再次出现在人们的视野中,大家还看见罗吉站在船头,朝着岸边眺望。众人不禁向罗吉高喊:"罗吉,你们找到留下来的那个人了吗?"远远地,罗吉开心地朝人群挥着手,大声喊道:"我们找到他了,他就是我的哥哥约翰啊!"

罗吉不顾母亲的劝阻,坚持去救援,令人备感温馨的是,他救回来的竟是自己的哥哥!他的乐于助人使他得到了意想不到的回报。

现实生活中,有很多冷漠自私的人,他们不愿为别人着想,不愿帮助别人,结果,他们会没有朋友,当他们出了问题,也很少有人愿意帮助他们。

生活就像山谷回声,你付出什么就得到什么,你帮助的人越多,得到的就越多。因此,如果你有能力帮助别人的话,请千万别选择冷漠。

第二章 让每一个平凡日子,都变成美好时光

帮助别人,就是帮助自己

美国埃·哈伯德说:"聪明人都明白这样一个道理,帮助自己的唯一方法就是去帮助别人。"帮助别人解惑,自己获得知识;帮助别人扫雪,自己的道路更宽广;帮助别人,也会得到别人友善的回报。

爱默生说:"人生最美丽的补偿之一,就是人们真诚地帮助别人之后,同时也帮助了自己。"

一个人死了,天国的导游带着那个人去参观了天堂和地狱。那人看到地狱与天堂一模一样。只是地狱的人比人间的人还要瘦小很多,面黄肌瘦,骨瘦如柴;而天堂的人却个个红光满面,健壮如牛。他到两处的餐厅一看,也没有什么两样,都有一口大锅,锅内是美味佳肴,每人手里使用的都是一米长的筷子。

他终于发现不同了:原来在地狱,用这么长的筷子夹菜,人人都无法把美味佳肴送到自己的嘴里,只好望着美味饿肚皮。而天堂里的人却不像地狱里的人那么自私,他们不用筷子往自己嘴里送食物,而是往对方嘴里送。于是你喂我,我喂你,大家都有饭吃!

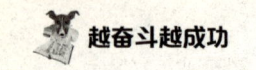

天堂和地狱的区别在于帮助别人，帮助别人就是帮助自己！

曾几何时，帮助别人成了"自找麻烦""自讨苦吃"的代名词。我们总想从别人那里获取更多的东西，自己却吝啬哪怕一点点的付出，以致"各人自扫门前雪，休管他人瓦上霜"。因此，人与人之间的关怀越来越少，人与人之间的隔膜越来越厚。面对别人求助的目光，不是冷漠以对，就是袖手旁观。可是，我们应当明白，有时候，帮助别人也是帮助自己。

在一个漆黑的夜晚，没有月亮，也没有星星。小凡因为临时有事要去找一个住在郊区的朋友，为了赶时间，便抄近路走入一条偏僻的小巷。

不知道为什么附近居然没有路灯，四周一片漆黑，她心里非常害怕，后悔自己不该走这条路。可是事已至此，她只得硬着头皮向前走。走着走着，突然，她发现前面有一团亮光，似乎是一个人提着一个灯笼在走。

小凡像看到了救星一样，小跑着赶了过去，正想打声招呼，却发现他一手拿着一根竹竿小心翼翼地探路，这分明是一个盲人嘛！小凡心里纳闷，又不好意思问。

走了一会儿，到了一个岔路口，小凡提醒盲人到了叉路口，问他要朝哪个方向走。让小凡高兴的是，盲人和她竟然顺路。

话茬儿一打开，他们就聊了起来。小凡终于忍不住问他："您自己看不见，为什么要提个灯笼赶路？"

盲人缓缓地说道："这个问题不止你一个人问我了。其实道理很简单，我提灯笼并不是为自己照路，而是让别人容易看到我，不

第二章
让每一个平凡日子，都变成美好时光

会误撞到我，这样就可保护自己的安全。而且，这么多年来，由于我的灯笼为别人带来光亮，为别人引路，人们也常常热情地搀扶我，引领我走过一个又一个沟坎，使我免受许多危险。所以，每到晚上出门，我从不忘提着一盏灯笼。这样既方便了大家，也方便了自己。"

小凡久久回味着盲人的话，感慨万千。盲人提灯笼，好像很滑稽，但是他帮助了别人，同时也帮助了自己。

我们应该时时伸出热情的手，时时帮助和关怀别人，因为我们的帮助，不仅能助人一臂之力，而且能给对方带来力量和信心，使他们有更大的勇气去战胜困难。也许只是你的一个举手之劳，对别人来说却犹如雪中送炭，那么别人对你定会有"滴水之恩，当涌泉相报"的感激。

约翰是一名年轻的律师，在美国的一个小镇，成立了一个律师事务所，专门受理移民的各种事务和案件。经过几年打拼，他已变得小有名气。

可是，天有不测风云。正当他事业如日中天的时候，一念之间他将所有的资产都投资于股票，并且几乎全部亏尽。更不巧的是，由于美国移民法的修改，职业移民额削减，他的律师事务所也门庭冷落。他破产了。

他一下子又回到了一无所有的地步。正在为自己的生计发愁的时候，他意外地收到了一位公司总裁寄来的信。信中说他愿意把公司 30% 的股份无偿赠送给约翰，并且其旗下的两家公司随时都欢迎约翰做终身法人代表。

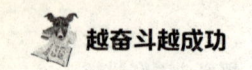

约翰简直不敢相信自己的眼睛,天下竟有这样的好事?不管怎么样,他决定先弄个明白。他按照信封上的地址来到了一家装修得很气派的公司,接待他的是一位中年男人。

约翰有点疑惑了,他确信自己并不认识这个人。那位中年男人微笑着对他说:"还认识我吗?"约翰摇摇头。只见他从硕大的办公抽屉中,拿出一张皱巴巴的5美元汇票和一个写有约翰名字及地址的名片。约翰确信那是自己的名片和笔迹,但是他还是想不起来在什么时间和地方与这位先生见过面。

他说:"很抱歉,先生,我真的记不起来了。"

那位总裁说:"13年前,我来到美国时,准备用身上仅有的5美元去办理工卡,但当时我不知道工卡已经涨到了10美元。当排到我的时候,办事处快下班了,但当天我如果没办上工卡,那么我在公司的位置将会被别人顶上。而此时你从身后递过来5美元,当时我让你留下姓名、地址,以便日后把钱奉还,当时你留下了这张名片。"约翰渐渐想起这事了,问道:"后来呢?"

"不久,我在这家公司连续申请了两个专利,事业发达起来。本想加倍地把钱奉还给你,但我到美国之后,工作生活都经历了许多磨难和冷遇,是你这5美元改变了我对人生和社会的态度,我怎么会把这5美元轻易地送出呢?"

这个故事似乎有很大的偶然性,但是偶然中必然蕴含着许多必然。当初是约翰用5美元帮助了别人,十几年后,在自己遇到困难的时候,他也得到了别人的恩惠。这种回报与其说是上帝的赐予,不如说是约翰当初种下的善因。而一个有着善心和善举的人,是应该得到回报的。

在这个商品经济时代,越来越多的人表现出自私自利的人性弱点,有人甚至为了自己的利益,不惜损害别人的利益。我们应该明白,用老百姓的一句话说就是,这一辈子谁还没有用得着谁的时候?"三十年河东三十年河西",世事无常,谁都不知道将来会需要谁的帮助。与人方便,自己也方便,何乐而不为?

虽然在这个社会并不是每个人都只顾扫自家门前的雪,但是在心底总是有那么一点点自私的存在,只是有的人表现得很明显,有的人表现得不明显罢了。本来为自己着想也属人之常情,无可厚非,但是若一切都从私利出发,从不肯伸出手帮助别人,最后只会陷入人生的死胡同。我们常说助人为乐,就是说,我们帮助了别人,我们也从中得到了快乐。其实,助人的好处还不止这些,很多时候,帮助别人也就是帮助自己。

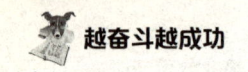

给予远远比接受更让人快乐

高尔基说:"给,永远比拿快乐。"当别人接受了你的帮助,你的人生价值就得到了体现,你的内心就会充盈着幸福的感觉。因为给予别人,你自己会快乐,同时接受的人也会快乐,这意味着你同时得到了两个快乐!

给,就是一种舍。我们在给别人的时候,就是在舍自己的某些东西,比如时间、精力、关怀、财物等。这些舍,同样会使我们得到。相信大家都听说过这样一句话:"赠人玫瑰,手有余香。"这就是说,我们在给予别人的同时,自己也会有收获。实际上,这并非一句空话。每个人都不是独立地生存在这个世界上的,每个人都会遇到困难,遇到自己解决不了的问题。这个时候,我们就需要向别人求助,如果我们能得到别人的帮助,那么我们会心存感激,希望他人伸出援助之手,帮助我们。

很多时候,人们会抱怨人际关系复杂,知心朋友难寻。造成这种局面的原因有很多,但其中最重要的原因很可能是我们平日考虑

第二章
让每一个平凡日子，都变成美好时光

自己过多，帮助别人太少。一个人平时不注重维护人际关系，很难有好人缘。"临时抱佛脚"只会给别人以"利用"之感。试问这样的人，又怎么能得到别人的信任和欢迎呢？别人又怎么会对他慷慨相待呢？只有平时多帮助他人，别人才会用真心对待我们。

世界上，那些自私自利的人总是在想，我能得到多少？他们从不会去想，自己做了多少，自己让别人得到了多少？前者只会无穷无尽地索取，永远对自己得到的都不满足，也就无暇享受拥有的快乐。即便是因为拥有而快乐，那种快乐也是短暂的。后者则能从给予别人，让别人得到满足的过程中，感受到自己被需要的快乐。这种快乐可以长久地存在人的心中，每次想起来，都会有一种成就感和满足感。

每个人都想体现自己的人生价值，而这种价值最好的体现方式就是帮助别人，在帮助别人的过程中实现。

从前，有个国王，非常宠爱他的儿子。这位年轻的王子，过着衣来伸手、饭来张口的日子，要什么有什么。可是，他从来没有开心地笑过一回，常常愁眉紧锁，郁郁寡欢。

有一天，一位魔术师走进王宫对国王说，他能让王子快乐起来。国王兴奋地说："如果你能办成这件事，宫里的金银财宝随便你拿。"

魔术师带着王子进了一间密室，他用白色的东西在一张纸上涂了几笔画，然后交给王子，并嘱咐他点亮蜡烛，看纸上会出现什么。说完，魔术师走开了。

年轻的王子在烛光的映照下，看见那些白色的字迹化作美丽的绿色，变成这样几个字："每天为别人做一件善事。"

王子虽然有点怀疑这个方法，但他还是依照魔术师的话去做了。

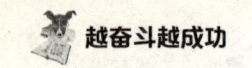

不久，他果然成为一个快乐的少年。

这个小故事告诉我们：有人之所以生活得有意义、更快乐、有富足感，是因为他能够被别人需要，而不是处心积虑地想到占有。给予永远比占有和接受更快乐。

懂得给予，就永远有可给予的；贪求索取，就永远有要索取的。给予得越多，收获得也越多；索取得越多，收获得就越少。

这一年的圣诞节，保罗的哥哥送给他一辆新车作为圣诞节礼物。圣诞节的前一天，保罗从他的办公室出来时，看到街上一名男孩在他闪亮的新车旁走来走去，触摸它，满脸羡慕的神情。

保罗饶有兴趣地看着这个小男孩，从他的衣着来看，他的家庭显然不属于自己这个阶层。就在这时，小男孩抬起头，问道："先生，这是你的车吗？"

"是啊。"保罗说，"我哥哥送给我的圣诞节礼物。"

小男孩睁大了眼睛，问："你是说，这是你哥哥给你的，而你不用花一分钱？"

保罗点点头。

小男孩说："哇！我希望……"

保罗以为小男孩希望的是也有一个这样的哥哥，但小男孩说出的却是："我希望自己也能当这样的哥哥。"

保罗深受感动，他看着这个男孩，然后问："要不要坐我的新车去兜风？"

小男孩惊喜万分地答应了。

逛了一会儿之后，小男孩转身向保罗说："先生，能不能麻烦你

第二章
让每一个平凡日子，都变成美好时光

把车开到我家前面？"

保罗微微一笑，他理解小男孩的想法，坐一辆大而漂亮的车子回家，在小朋友的面前是很神气的事。但他又想错了。

"麻烦你停在那里，等我一下好吗？"小男孩跳下车，三步两步跑上台阶，进入屋内。不一会儿他出来了，并带着一个显然是他弟弟的小男孩——这个孩子因患小儿麻痹症而跛着一只脚。他把弟弟安置在下边的台阶上，紧靠着坐下，然后指着保罗的车子说："看见了吗？就像我在楼上跟你说的一样，很漂亮对不对？这是他哥哥送给他的圣诞节礼物，他不用花一分钱！将来有一天我也要送给你一辆和这一样的车子，这样你就可以看到我一直跟你讲的橱窗里那些好看的圣诞礼物了。"

保罗的眼睛湿润了，他走下车子，将小男孩的弟弟抱到车子前排的座位上，小男孩眼睛里闪着喜悦的光芒，也爬了上来。于是三人开始了一次令人难忘的节日之旅。

在这个圣诞节，保罗明白了一个道理：给予比接受真的令人更快乐。

人的一生，为他人付出得越多，他的心灵就越富足，他就越过得胸怀坦荡、泰然自若。一个人给予得越少，他的心灵就越干枯，他就越过得心神不宁、惴惴不安。心灵富足的人必会爱人，因为爱就是给予，爱就是富足，爱就是宽广。

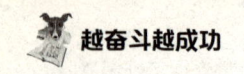

雪中送炭,缔结好人缘

当我们遇到困难的时候,往往会希望有人能来帮我们一把。可是,你有没有想过:别人凭什么帮你呢?当他们遇到困难的时候,你又想没想过去帮帮他们呢?每个人都难免有困难,需要他人的帮助。一个不愿意帮助别人的人,很难要求别人帮助他。主动在别人需要的时候去提供帮助,当他人遭到困难、挫折时,伸出援助之手,给他人出头露脸或获益的机会。时时能给别人关心、帮助和支持,才能在自己需要的时候得到他人的帮助和支持。

社会交往离不了感情投资,只有对你跟朋友间的友谊不断注入新的"资金",你们间的友谊之树才能常青。但是投资也要有策略,不能盲目投入,就像我们的理财投资一样,只一味投入,会造成自己精力财力的浪费。

这个意思就是说你不可能把你的感情平均分给他们,也不能把感情全部投给同一个人。感情投资也要分轻重缓急的,投给谁,不投给谁,在什么时候投,在什么地方投,投多少……这些都有很大

第二章
让每一个平凡日子，都变成美好时光

的学问。

经人们研究发现，将你的感情投资给最需要的人，你的感情投资才能体现出最大的价值。

所以，你的感情投资要出现在对方最需要的时候。对方在最需要帮助的时候，得到了你的帮助，这便叫雪中送炭。雪中送炭，急人之所需，帮人之所急，这正是你感情投资的最佳时刻。

20世纪70年代初，香港的塑胶业出现了严重的危机。由于石油危机的影响，香港的塑胶原料进口商趁机垄断价格，很多厂家濒临倒闭。这时李嘉诚如救世主一般出现在众多塑胶产业厂商的面前，他建议数百家塑胶厂家组建联合公司，并将长江公司的13万磅原料以低于市场一半的价格卖给了一些濒临倒闭的厂家。数百家公司得以在这场危难中生存下来。李嘉诚成了香港塑胶业的及时雨，从此他的个人声望倍增，生意也更红火了。

当一个人穷困潦倒，饥寒交迫，濒临破产，或是生命垂危……这些时候正是你感情投资的最佳时机，也是他们最需要你的帮助的时候。可能这时会很少甚至根本没有人考虑到他们，但是你看到了，并且帮助了他们，他们就会对你怀抱感恩之心，这种感恩之心有时是能持续一辈子的。中国人信奉一句话，那就是"滴水之恩，当涌泉相报"，你救人于危难之时，甚至是救人一命，别人就会用一生来感激你。

沈阳有位叫孙儒臣的孤寡老人，他节衣缩食，过着清贫的生活，把辛苦攒下来的钱都赞助给了一位山村贫苦的学生。该学生虽然考进了一流的大学，但因家庭贫困面临着辍学的危险。孙儒臣知道后，

很是心痛，不仅将自己一生大部分的积蓄捐给了这位学生，而且还把此后积攒下来的每一笔钱，按月寄给这位素未谋面的孩子。该学生大学毕业后，被一家大型企业聘用。在工作期间，他一直记挂着那位老人，等有了时间，就亲自前去拜谢。

但是自从他大学毕业后，就再没有老人的任何信息了。这名学生很是着急，特意从公司请了长假，根据掌握的有限信息，最后终于找到了孙儒臣。当时老人已经危在旦夕，而他所有的积蓄都已经给出去了。该大学生热泪盈眶，发誓要救活老人，无奈之际，他想到了"卖身"，将自己的一生卖给了一家公司。老人的病治好了，他感到很欣慰，并打算在以后的岁月里，他将负担赡养老人的义务。

孙儒臣老人在这个大学生正处于"危难"之际，伸出自己的援手，使该学生的大学梦得以实现。学生对其心怀感念，记挂一生，最终老人得以安逸晚年。

人际交往中，要懂得"欲求人助，先要助人"的道理。关键时刻拉人一把，这比平时费尽心机地讨好别人要明智得多。

人的一生不可能一帆风顺，难免会碰到失利受挫或面临困境的情况，这时候最需要的就是别人的帮助，这种雪中送炭式的帮助会让原本无助的人记忆一生，更让朋友终生感激。

德皇威廉一世在第一次世界大战结束时，可算得上是全世界最可怜的一个人。他众叛亲离，连他的臣民都反对他，只好逃到荷兰去保命，许多人对他恨之入骨。可是在这个时候，有个小男孩写了一封简短但真情流露的信，表达他对德皇的敬仰。这个小男孩在信

第二章
让每一个平凡日子,都变成美好时光

中说,不管别人怎么想,自己将永远尊崇他为皇帝。德皇深深地为这封信所感动,于是邀请他到皇宫来。这个小男孩接受了邀请,由他母亲带着一同前往,他的母亲后来嫁给了德皇。

"我不知道他那时候那么痛苦,即使知道了,我也帮不上忙啊!"许多人遗憾地说。这种人与其说他不知道朋友的痛苦,不如说他根本不想知道。

人们总是可以敏感地觉察到自己的苦处,却对别人的痛处缺乏了解。他们不了解别人的需要,更不会花工夫去了解;有的人甚至知道了也佯装不知,大概是没有切身之苦、切肤之痛吧。

"好风凭借力,送我上青云。"人际交往,互利互惠。帮助别人,就是在为自己的人情信用卡储蓄,特别是在人患难之际施以援手,救落难英雄于困顿。真心助人,其回报不言而喻。

虽然很少有人能做到"人饥己饥,人溺己溺"的境界,但我们至少可以随时体察一下别人的需要。时刻关心朋友,帮助他们脱离困境。当朋友身患重病时,你应该多去探望,多谈谈朋友关心的感兴趣的话题。当朋友遭到挫折而沮丧时,你应该给予鼓励:"这次失败了没关系,下次再来。"当朋友愁眉苦脸、郁郁寡欢时,你应该亲切地询问一下。这些适时的安慰会像阳光一样温暖受伤者的心田,给他们带来希望的力量。

晋代有一个人叫荀巨伯,有一次去探望朋友,正逢朋友卧病在床。这时恰好敌军攻破城池,烧杀掳掠,百姓纷纷携妻挈子,四散逃难。朋友劝荀巨伯:"我病得很重,走不动,活不了几天了,你自己赶快逃命去吧!"

荀巨伯却不肯走,他说:"你把我看成什么人了?我远道赶来,就是为了来看你。现在,敌军进城,你又病着,我怎么能扔下你不管呢?"说着便转身给朋友熬药去了。

朋友百般苦求,叫他快走,荀巨伯却端药倒水安慰说:"你就安心养病吧,不要管我,天塌下来我替你顶着!"

这时"砰"的一声,门被踢开了。几个凶神恶煞般的士兵冲进来,冲着他喝道:"你是什么人?如此大胆,全城人都跑光了,你为什么不跑?"

荀巨伯指着躺在床上的朋友说:"我的朋友病得很重,我不能丢下他独自逃命。"并正气凛然地说,"请你们别惊吓了我的朋友,有事找我好了。即使要我替朋友而死,我也绝不皱眉头!"

敌军一听愣了,听着荀巨伯的慷慨陈词,看看荀巨伯的无畏态度,很是感动,说:"想不到这里的人如此高尚,怎么好意思侵害他们呢?"说完,敌兵就撤走了。

有时候不用很费力地帮别人一把,别人也会牢记在心,投之以桃,报之以李。因此,无论是工作还是在人际交往的过程中,一定要在关键的时候帮人一把,这样不仅能够得到别人的欣赏,还能够提高自己的威信,缔结好人缘。

自私是人生路上的绊脚石

人的自私是一种自然的本性,与生俱来。也可以说,自私是人类生存的一种本能,但是有时候恰恰是因为人的自私,不但没有为自己赢来想要的东西,反而使自己失去了珍贵的机会。

一个比较有名气的公司在招聘,应征者如云,但是招聘的名额却只有一个。经过一轮又一轮的筛选后,几百名应聘者,最后仅剩下了五位佼佼者。只剩最后一轮面试了,这一轮将要从这五位强者里面留下一位。

早上8点,距离面试还有半个小时,五位参赛者早已等在面试的大厅里了,他们心里虽然紧张,但是表面上都镇定自若。坐在大厅一角的是刘大伟,他提前一个小时就来了,不过他对自己很有信心,因为他在初试、复试、加试中的表现都非常不错,有一次还赢得了主考官的夸奖。所以,他心里很踏实,认为自己获胜是绝对没有问题的,胜利的自信和成功的愉悦提前写在了他的脸上。

就在等待之时,有位年轻的男子匆匆忙忙地走来,气喘吁吁的,一脸的焦急，额头上似乎还有细密的汗珠。这五个人心里有点纳闷，在前几轮面试中，好像并没有见过他。

他似乎感到有些尴尬，看了看几个等候面试的人，主动自我介绍说，他也是前来参加面试的，由于早上有点急事，来的比较匆忙，忘记带钢笔了，问他们几个是否带了，想借来填写一份表格。

这五位应聘者心里一惊，竞争本来已经够激烈了，现在倒好，半路又杀出一个"程咬金"，幸好他忘记带钢笔了，也许他并不能成为大家的竞争对手。一时大家你看看我、我看着你，面面相觑，但都没有吱声。他们当然都带了钢笔，来应聘谁会忘记带钢笔呢？

那位男子见没有人应声，脸上掠过一丝失望，但同时闪过一丝惊喜，因为他看到了刘大伟上衣口袋里的钢笔。他上前很友好地说："先生，对不起，您的钢笔可以借给我用用吗？"刘大伟忘记了自己的钢笔就在上衣口袋里，他非常尴尬，但他几乎是不假思索地说："哦，我……我的笔坏了。"说完他就低下了头。"我这里正好有一支，虽然不是太好用，但勉强还可以用，你试着用吧。"其中一位应聘者向这位年轻的男子递上了自己的钢笔。那位男子接过钢笔，忙不迭地说着谢谢。

那位借钢笔的男子转身在纸上写了点什么就出去了，并没有像他们几个一样在这里等着面试。

面试的时间终于到了，但是面试室却丝毫不见动静。终于有人按捺不住去找相关的负责人询问情况。不料里面居然走出了刚才那个借钢笔的男青年。大家有点震惊，还不明白发生了什么事，只听他说："结果已经见分晓，这位先生被聘用了。"他把手搭在那位借

第二章
让每一个平凡日子，都变成美好时光

给他钢笔的应聘者的肩膀上。

大家似乎还不明白发生了什么，只听男青年接着说："我是最后一轮面试的主考官。本来，你们能过五关斩六将，最终站在这儿，应该说你们都是强者中的强者。作为一家追求上进的公司，我们不愿意失去任何一个人才。但是很遗憾，你们输给了自己的自私！"

刘大伟听到这里，才如梦初醒，真是有点无地自容。

是的，在生活中，我们都得为自己活着。自私的人不肯为别人的生活提供便利，更不肯为别人放弃自己的一点点利益。像这样的人，别人也一定不会愿意为他提供便利。

我们生活在这个社会大家庭中，不是独立的，而是联系在一起的，只是我们有时候没有发现而已。只有你帮的人越多，你得到的才会越多。

很多年前，一个暴风雨的晚上，有一对老夫妇走进旅馆的大厅要求订房。

"很抱歉。"柜台里的人回答说："我们旅馆已经被参加会议的团体包下了。往常碰到这种情况，我们都会把客人介绍到另一家旅馆。可是这次很不凑巧，据我所知，另一家旅馆也客满了。"

他停了一会儿，接着说："在这样的晚上，我实在不敢想象你们离开这里却又投宿无门的处境。如果你们不嫌弃，可以在我的房间住一晚，虽然不是什么豪华套房，却十分干净。我今晚就待在这里完成手边的订房工作，反正晚班督察员今晚是不会来了。"

这对老夫妇为自己给柜台服务员造成的不便感到抱歉，显得十

分不好意思,但是他们谦和有礼地接受了服务员的好意。第二天早上,当老先生下楼来付住宿费时,这位服务员依然在当班,但他婉拒道:"我的房间,是免费借给你们住的。我全天候待在这里,又已经赚取了很多额外的钟点费。"

老先生说:"你这样的员工,是每个旅馆老板梦寐以求的,也许有一天我会为你盖一座旅馆。"

年轻的柜台服务员听了笑了笑,他明白老夫妇的好心,但他只当那是个笑话。

又过了好几年,那个柜台服务员依然在同样的地方上班。有一天,他收到老先生的来信,信中清晰地叙述了老先生对那个暴风雨夜的记忆。老先生邀请柜台服务员到纽约去拜访自己,并附上了一张往返机票。

几天之后,他来到了曼哈顿,于坐落在第五大道和三十四街间的豪华建筑物前见到了老先生。

老先生指着眼前的大楼解释道:"这就是我专门为你建的酒店。我以前曾经提过,记得吗?"

"您在开玩笑吧!"服务员不敢相信地说,"都把我搞糊涂了!为什么是我?您到底是什么身份呢?"年轻的服务员显得很慌乱,说话略带口吃。

老先生很温和地微笑着说:"我的名字叫威廉·渥道夫·爱斯特。这其中并没有什么阴谋,因为我认为你是经营这家酒店的最佳人选。"

这家饭店就是著名的渥道夫·爱斯特莉亚酒店的前身,而这个年轻人就是乔治·伯特，他成为这家酒店的第一任经理。

如果你帮助他人获得他们需要的东西，你也能因此得到自己想要的东西；你帮助别人越多，得到的也就越多。

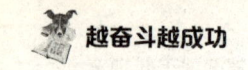

学会与人分享，而不是独享

生活中，那些懂得与人分享的人是最快乐的人，他们在与人分享的时候让快乐蔓延。那些自私的人却不会快乐，因为，他们除了能够将自己装在心里之外，已经不会让快乐在自己的心里停留了。

懂得与人分享的人，他们不仅拥有财富还拥有快乐。他们在与人分享的时候，让大家感受到了自己的价值，所以朋友愿意给予他们最真诚的祝福。

佛家教育弟子时，经常举这样的一个例子：一日，佛祖闲来无事，从地狱的入口处往下望去，看见无数生前作恶多端的人正为自己前世的邪恶饱受地狱之苦的煎熬，脸上显示出无比痛苦的表情。

此时，一个强盗偶然抬头看到了慈悲的佛祖，马上祈求佛祖救他。佛祖知道这个人生前是个无恶不作的强盗，他抢劫财物，残杀生灵。唯一可喜的是，有一次，他走路的时候，正要踩到一只小蜘蛛时，突然心生善念，移开了脚步，放过了那只小蜘蛛。佛祖念他还有一丝善心，于是决定用那只小蜘蛛的力量救他脱离苦海。

第二章
让每一个平凡日子，都变成美好时光

于是，佛祖从井口垂下去一根蜘蛛丝，大盗像发现了救命稻草一样拼命抓住了那根蜘蛛丝，然后用尽全力向上爬。可是其他在井中接受煎熬的人看到这个机会，都蜂拥着抓住那根蜘蛛丝。慢慢地，蜘蛛丝上的人越来越多了。大盗因为担心蜘蛛丝太细，不能承受这么多人的重量，于是便用刀将自己身下的蛛丝砍断了。结果，蜘蛛丝就在那被砍断的一瞬间突然消失了，所有的人重新跌入万劫不复的地狱。实际上，假如他能够有一丝怜悯之心，能够与别人分享自己的生存机会，佛祖就会救他脱离苦海。但是他没有做到，从而也失去了很好的机会。

有时候，许多东西不是你与别人分享了，你就会失去它。只有当你与别人分享的时候，你才会获得更多的快乐。

美国著名的石油大王洛克菲勒极其富有，按说他应该能够快乐地生活了。但他一点都不快乐，他除了拥有金钱之外，其他什么都没有了。当时的他可谓是众叛亲离！由于他的吞并、垄断，导致许多小业主家破人亡。在宾夕法尼亚州油田地带的居民身受其害，对他恨之入骨，有的居民做出他的木偶像，然后将那木偶像模拟处以绞刑，以解心头之恨。无数充满憎恨和诅咒的威胁信被送进他的办公室，连他的兄弟也不齿他的行径。他自己也因为精神过度紧张变得心力交瘁，痛苦不堪。

后来，他的医生建议他改变自己的生活方式，并学会与他人分享。于是，他开始学打高尔夫球，去剧院看喜剧，还常常跟邻居闲聊。他学习过一种与世无争的平淡生活。在退休生涯里，他把主要精力放在慈善事业上。

当洛克菲勒开始考虑如何把巨额财产捐给别人时,几乎没有人接受,说那是肮脏的钱。可是通过他的努力,人们慢慢地相信了他的诚意。密歇根湖畔一家学校因资不抵债行将倒闭,他马上捐出数百万美元,从而促成了如今的芝加哥大学的诞生;当时的美国没有医疗研究中心,他捐资20万美元成立了洛克菲勒医学研究所。后来这个研究所因为卓越成就获得了12项诺贝尔奖,比任何同类研究所获得的奖项都多得多。此外,洛克菲勒还创办了不少福利事业来帮助黑人。从那以后,人们开始以另一种眼光来看他。

经历了财富的聚敛和分散之后,他不无感慨地说:"财富如水,如果是一杯水,你可以喝下去;如果是一桶水,你可以搁在家里;但如果是一条河流,就要学会与人分享。"这就是他对分享最深的感受。

懂得与人分享的人才会让自己的整个心灵花园开满玫瑰,飘满花香。独占好处是一种狭隘的心态,它会赶走你周围的朋友,让你生活在孤独的阴影下。

一个农夫请无相禅师为他的亡妻诵经超度。佛事完毕之后,农夫问道:"禅师!你认为我的亡妻能从这次佛事中得到多少利益呢?"

禅师照实说道:"当然!佛法如慈航普渡,如日光遍照,不只是你的亡妻可以得到利益,一切有情众生无不得益呀。"

农夫不满意地说:"可是我的亡妻是非常娇弱的,其他众生也许会占她的便宜,把她的功德夺去。能否请您单单为她诵经超度,而不要给其他的众生。"

禅师慨叹农夫的自私,但仍慈悲地开导他说:"回转自己的功德

第二章
让每一个平凡日子,都变成美好时光

以趋向他人,使每一众生均沾法益,是个很讨巧的修持法门。就如天上太阳一个,万物皆蒙照耀;一粒种子,可以生长万千果实。如果人人都能抱有如此观念,则我们微小的自身,常会因此而蒙受很多的功德,何乐而不为呢?故我们佛教徒应该平等看待一切众生!"

农夫仍然顽固地说:"这个教义虽然很好,但还是要请禅师为我破个例吧!我有一位邻居张小眼,他经常欺负我、害我,我恨死他了。所以,如果禅师能把他从一切有情众生中除去,那该有多好呀!"

禅师以严厉的口吻说道:"既曰一切,何有除外?"听了禅师的话,农夫更觉茫然,若有所失。

自私、狭隘的心理,在这个农夫身上表露无遗。每个人都希望自己好,但如果你容不得别人好或因别人比你好而处处妒忌、设陷阱,对方也会如此报复,结果自然是"冤冤相报何时了",害了别人的同时也害了自己。

如果一个人养成了狭隘自私的心态,那么他会变得多可怕呀!所以我们必须学会和他人分享。懂得分享的人,才能拥有一切;自私狭隘的人,终将被人抛弃。无论是在工作中还是在生活中,我们都要摒弃自私狭隘的习惯,否则我们就会伤害到自己。

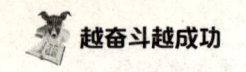

勿以善小而不为

刘备曾教导儿子刘禅说:"莫以善小而不为,莫以恶小而为之。"善良是一种巨大的力量,任何力量都不如善良的力量大。善良并不体现在礼物上,而在于一个人诚挚的内心。有的人能从钱包里掏钱出来送给别人,但他的心却冰冷漠然,对那些需要帮助的人常常是漠然视之。善良的人常常乐于助人。事实上,有时候,仅仅是举手之劳就有可能挽救一个人。

放学的时候,比尔被绊倒在地,他怀里抱着的很多书、两件运动衫、一个棒球拍、一副手套,还有一个音乐盒全都掉在了地上。恰巧被路过的马克看到了,马上单膝跪在地上帮比尔把散落在地上的东西一一捡了起来。

两个男孩互相介绍了一下,马上就熟识了,而且他们两个正好顺路,所以马克就帮比尔拿了一部分东西。在路上,比尔告诉马克他喜欢玩电子游戏、打棒球和历史课,他说其他学科自己都学不好。此外,比尔还告诉马克他刚刚和自己女朋友分手的事情。

第二章
让每一个平凡日子,都变成美好时光

他们先到达比尔的家。比尔邀请马克进去喝杯可乐,看看电视。那天下午他们在一起谈论、说笑,过得很愉快。

从那以后,他们在校园里经常遇到,有时还在一起吃午餐。初中毕业以后,他们又在同一所高中上学,在那里他们仍然是很好的朋友。

在他们高中毕业前不久,有一天,比尔找到了马克,说要和他好好地谈一谈。比尔问马克是否还记得数年前他们第一次相遇的情形。"你有没有想过那天我为什么要带那么多东西回家?"比尔问马克。马克摇了摇头。

比尔说:"你知道吗?我把衣物柜清理了一下,因为我不想把混乱留给别人。我已经从我母亲那儿偷偷拿了些安眠药攒了起来,那天我准备回家后就自杀。但是,在我们一起快乐交谈和说笑之后,我意识到如果我结束了自己的性命,我就不会有那样快乐的时光,以及以后还可能会有的其他很多很多美好的东西。所以,你瞧,马克,当你那天捡起我的书,你不仅是捡起了我的书,你还挽救了我的生命。所以,我想向你道谢!"

马克只不过是帮比尔捡起了掉在地上的东西,却无意中挽救了一个生命!一个小小的善良举动,竟然有此殊效!

很多时候,帮助别人只是举手之劳,而对别人来说,这不仅仅是一句话,或是一个动作的问题,有可能会因此改变了他们的命运。所以,在生活中,当我们力所能及的时候,不要拒绝去帮助别人,哪怕是很微小的一件事。而且在帮助别人的过程中也体现了我们自身的价值,这会让人感到快乐。

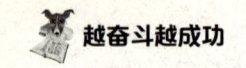

比如上车遇到老弱病残、孕妇的时候，不要假装没看到，起身让个座，不过是少坐一会儿，于你不会有什么损失，而别人却会对你感激不尽。比如遇到迷路的人打听某个地址，碰巧你又知道，不要表现出不耐烦，或者编谎说自己不知道，多说两句话，你也能从帮助别人的过程中获取快乐。比如，你看到公共场所大白天电灯还亮着，不要一副事不关己的姿态，顺手把灯关掉吧。比如，当你走在街上，看到老大爷蹬三轮车吃力地爬坡，不如顺手帮忙推一下。比如，你的同事或者你的上司开车刚要停下车去开车库门，你正好路过此地，不妨顺手把车库门打开。这些都是很小的事，对你不过是举手之劳，不要不屑于去做。"海不择细流，故能成其大；山不拒细壤，方能就其高"。

助人为乐，是正直善良的人怀着道德义务感，主动去给他人以无私的帮助的一种道德行为和道德情感。虽然现在很多人都认为"天下熙熙，皆为利来；天下攘攘，皆为利往"，但是，帮助别人有时并不需要你付出多少，很多时候对你来说不过是举手之劳，而于别人却意义重大，甚至能挽救一个人。每个人都有需要别人的时候，所以，在你力所能及的时候，请伸出你热情的双手吧！

第三章

把人生中的压力转化为一种力量

我们每个人都渴望没有烦恼,快乐地生活,也都一直为了达成这个目标而努力。但是,却因为一味地抱怨,我们与快乐绝缘了。其实,要想快乐也不是什么难事,它就掌握在我们自己手中,需要我们用乐观的态度去对待生活。当我们积极乐观的时候,内心的不满与怨气都会被驱逐出去,自然就会远离烦恼了。

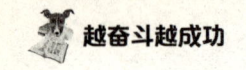

赶走悲观，让自己变得乐观起来

一位著名的政治家曾经说过："要想征服世界，首先要征服自己的悲观。"在很多人的人生中，悲观的情绪笼罩着生命中的各个阶段。悲观是一个幽灵，能征服自己的悲观情绪，便能征服世界上的一切困难之事。人生中悲观的情绪不可能没有，要紧的是击败它、征服它。用开朗、乐观的情绪支配自己的生命，战胜悲观的情绪，就会发现生活有趣得很。

人生不如意事十之八九，这是一个不以人的意志为转移的客观规律。倘若把不如意的事情看成是自己构想的一篇小说，或是一场戏剧，自己就是那部作品中的一个主角，心情就会变好许多。一味地沉入不如意的忧愁中，只能使不如意变得更不如意。"宠辱不惊，闲看庭前花开花落；去留无意，漫随天外云卷云舒。"既然悲观于事无补，那我们就应该用乐观的态度来对待人生，守住乐观的心境。

父亲欲对一对孪生兄弟作"性格改造"，因为其中一个过分乐观，

第三章
把人生中的压力转化为一种力量

而另一个则过分悲观。一天，他买了许多色泽鲜艳的新玩具给悲观的孩子，又把乐观的孩子送进了一间堆满马粪的车房里。

第二天清晨，父亲看到悲观的孩子正泣不成声，便问："你为什么不玩那些玩具呢？"

"玩了就会坏的。"孩子仍在哭泣。

父亲叹了口气，走进车房，却发现那乐观的孩子正兴高采烈地在马粪里掏着什么。

"告诉你，爸爸。"那孩子得意洋洋地向父亲宣称，"我想马粪堆里一定还藏着一匹小马呢！"

乐观和悲观的人生态度似乎就在一念之间。乐观的人，只会把事情往好的方向去想，而悲观的人呢？即使你给予他再多美好的礼物，他都会忧心忡忡，痛苦不已。

其实，快乐和悲观都很简单，就像吃葡萄时，悲观者从大粒的开始吃，心里充满了失望，因为他所吃的每一粒都比上一粒小。乐观者则从小粒的开始吃，心里充满了快乐，因为他所吃的每一粒都比上一粒大。悲观者决定学着用乐观者的方法吃葡萄，但还是快乐不起来，因为在他看来他吃到的都是最小的一粒。乐观者也想换种吃法，他从大粒的开始吃，依旧感觉良好，在他看来他吃到的都是最大的。悲观者的眼光与乐观者的眼光截然不同，悲观者看到的都令他失望，而乐观者看到的都令他快乐。

知道悲观是快乐的一大敌人之后，我们就要想方设法克服悲观的情绪，树立乐观的形象。如果你是那个悲观者，你不需要换种"吃法"，你只需要换一种看待事物的眼光。

有两个农民外出打工，一个去上海，另一个去北京。可是在候车厅等车时，他们又都改变了主意。因为邻座的人议论说，上海人精明，外地人问路都收费；北京人质朴，见吃不上饭的人，不仅给馒头，还送旧衣服。

去上海的人想，还是北京好，挣不到钱也饿不死，幸亏车还没开，不然真掉进了火坑。

去北京的人想，还是上海好，给人带路都能挣钱，还有什么不能挣钱的？我幸亏还没上车，不然真失去一次致富的机会。

于是他们在退票处相遇了。原来要去北京的得到了上海的票，原来计划去上海的得到了北京的票。

去北京的人发现，北京果然好。他初到北京的一个月，什么都没干，竟然也没有饿着。不仅银行大厅里的纯净水可以白喝，而且大商场里欢迎品尝的点心也到处都是。

去上海的人发现，上海果然是一个可以发财的城市。干什么都可以赚钱：带路可以赚钱，看厕所可以赚钱，弄盆凉水让人洗脸也可以赚钱。只要想点办法，再花点力气都可以赚钱。凭着乡下人对泥土的感情和认识，第二天，他在郊区装了十包含有沙子和树叶的土，以"花盆土"的名义，向少见泥土而又爱养花的上海人兜售。当天他在城郊间往返6次，净赚了50元钱。一年后，他凭"花盆土"竟然在大上海拥有了一间小小的门面。

在长年的走街串巷中，他又有一个新的发现，一些商店楼面的招牌较黑，一打听才知是清洗公司只负责洗楼不负责洗招牌的结果。他立即抓住这一空当，买了些人字梯、水桶和抹布，办起了一个小

第三章
把人生中的压力转化为一种力量

型清洗公司，专门负责擦洗招牌。如今他的公司已有150多个员工，业务也由上海发展到杭州和南京。

前不久，他坐火车去北京考察清洗市场。在北京火车站，一个捡破烂的人把头伸进软卧车厢，向他要一只啤酒瓶。就在递瓶子时，两人都愣住了，因为5年前，他们曾换过一次票……

在面临人生选择的时候，一个人的思想会完全暴露出来。他可能乐观向上，积极进取，喜欢体现自己有能力的生活方式；他也可能胆小怕事，消极悲观，看不到出路，而满脑子都是退路。正是这种选择，决定了他们将拥有一种怎样的人生历程。

人生是一种选择，个人形象也是一种选择。不一样的选择会有不一样的结果。你选择心情愉快，你得到的也是愉快，呈现在别人面前的也是一副快乐的形象。你选择心情不愉快，你得到的也是不愉快，当然给别人的也是一副不快乐的形象，甚至是悲观形象。我们都愿意快乐，不愿意不快乐。既然这样，为什么不选择愉快的心情呢？毕竟，我们无法控制每一件事情，但我们可以选择我们的心情。

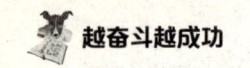

快乐真不少,全靠自己找

快乐从哪里来?快乐的钥匙掌握在自己的手里!从自己的心中来!快乐到处都有,就看你会不会寻找。想要自得其乐,就应该在日常生活中,尽量培养自己的兴趣和爱好,自寻快乐,怎么快乐怎么来。

在古代西方有这样一种说法:"卖豆子的人应该是最快乐的人。"为什么呢?因为大家认为他们永远不用担心豆子卖不出去。当豆子没有卖出去的时候,卖豆子的人可以有很多选择:如果豆子被卖完了固然很好,即使豆子没有被卖完,也可以拿回家去磨成豆浆,作为第二天的早点再卖给行人。如果豆浆还是卖不完,他们也不用担心,还可以把豆浆制成豆腐去卖,一点儿也不会浪费。即使豆腐卖不成了,变硬了,还可以把豆腐制成豆腐干来卖。豆腐干再卖不出去的话,也可以再把这些豆腐干腌制起来,做成腐乳来卖。

当然卖豆子的人对于没有卖出去的豆子还可以有另外一种做法:把卖不出去的豆子拿回家,加上些水让豆子发芽,过几天以后就可

第三章
把人生中的压力转化为一种力量

以卖豆芽了。如果豆芽没有卖完，没关系，可以在豆芽长大以后卖豆苗。如果豆苗也没有卖完，没关系，还可以把豆苗移植在花盆中当作盆景卖。如果盆景还是没有卖掉，也没关系，还可以把它移植到土地中。没过多久，它又会结出许许多多的新豆子，卖豆子的人又可以继续卖豆子了。

瞧，卖豆子的人是多么的快乐啊！

在生活当中，我们每个人都会有许许多多选择的机会，选对了的人们往往把那次选择称之为"机遇"，而选错了的人则常常感叹白白让"机会"在自己手中溜走了。

所以，遇到事情的时候不要忙着沮丧，要学会乐观地面对生活。

宋朝有个大文学家名叫苏东坡，他有一个好朋友名叫佛印，是禅师。

一天，两人在杭州游览。苏东坡看到一座峻峭的山峰，就问佛印："这是什么山呢？"

佛印如实回答："这是飞来峰。"

苏东坡反问："既然飞来了，为何不飞去？"

佛印很机灵地说："一动不如一静。"

东坡寻根问底："为什么要静呢？"

佛印马上说："既来之，则安之。"

后来，两人又来到天竺寺。见寺内的观音菩萨手里拿着念珠，苏东坡问佛印："观音菩萨既然也是佛，为什么还拿念珠呢？"

佛印说："观音拿念珠也还是为了念佛号嘛。"

东坡追问："念什么佛号？"

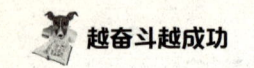

佛印说:"念'观世音菩萨'。"

东坡又问:"自己是观音,为什么还念自己的佛号呢?"

佛印回答:"因为'求人不如求己'呀!"

苏东坡听完大笑,感悟到了很多东西。

苏东坡一生几起几落,有荣耀,也有坎坷,可是依然很快乐,是不是与佛印有关呢?观音菩萨念"观音"——求人不如求自己。

快乐也是这样,只有从自己的身上寻找,才能最终发现并获得快乐的情绪,否则必然是缘木求鱼,不可能获得真正的快乐。

有一个年轻人,整天都很烦恼,为了消除烦恼,他四处寻找消除烦恼的办法。

一天,他看见山脚下有一个牧童,骑在牛背上悠闲地吹着笛子,逍遥自在,好像一点烦恼都没有。

这个年轻人走上前去,问道:"小朋友,你怎么那么快活?你难道就没什么烦恼吗?"

牧童说:"我只要骑在牛背上,吹起笛子,就什么烦恼都没有了。要不,你试试?"

年轻人试了试,仍然感到很烦恼,只好告别牧童,继续寻找消除烦恼的方法。

年轻人又来到一条小河边,一个老翁正在专注地钓鱼,神情怡然,面带微笑,看不出有半点的烦恼。

年轻人上前问:"老人家,您一个人在这里钓鱼,显得悠闲自在,难道您就没有烦恼吗?"

老翁笑着说:"静下心来,我只想着钓鱼,哪来的烦恼呢?你来

第三章
把人生中的压力转化为一种力量

试试。"

年轻人试了试,可是总不能静下心来专心钓鱼,烦恼不但没有减少,反而增加了!看来这也不是消除烦恼的好办法。

年轻人继续往前走,来到一座大山上。在山上的洞里,年轻人遇到一位面目慈祥的长者,他又向这位长者请教消除烦恼的好办法。

长者笑着说:"年轻人,要想消除烦恼,自己首先要看得开。如果你自己总看不开,谁也帮不了你!"

年轻人仔细琢磨长者说的话,恍然大悟:"自己的烦恼,都是源于自己的内心,自己应该高兴起来,做些有意义的事情。"

林肯曾说过:"据我观察,人们都是自己想要怎么快乐,就能怎么快乐。"一个人一旦选择了快乐,那么他便会采取积极的态度,这样的话快乐就会被吸引过来。事实上,只要我们用心去感悟,就会发现,快乐和环境没有必然的联系,快乐就在我们心中,就是我们的一种心态。

与快乐相伴相生的,还有痛苦。快乐与痛苦,是生活中永恒的旋律,谁也不敢保证自己时时刻刻都是幸福和快乐的,我们应看重的不是几多痛苦、几多欢笑,而是心在痛苦和欢笑时的选择。你选择快乐,快乐自然就会选择你。如果我们想拥有快乐的心态,远离抱怨,不妨从学会选择快乐的心态开始,因为快乐的钥匙就在我们自己手里。

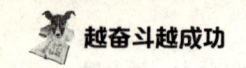

每天快乐一点点,快乐生活每一天

心态是一种生活态度,良好的心态能帮助我们快乐每一天。当同一件事发生以后,乐观者会得到快乐,悲观者会得到痛苦。就好像两个人同时看到杯子里有半杯水,乐观的人会想:"太好了,我还有半杯水。"悲观的人却会认为:"真不幸,我只剩半杯水了。"在发生事情的时候往好的一方面去想,生活会美好很多。否则,生活会越来越不幸。这个世界上没有绝对的幸与不幸,幸福都是相对的,只是看你有没有乐观的精神。

在第二次世界大战中,纳粹分子对犹太人犯下了不可饶恕的罪行。当时,大部分犹太人都被关进了集中营,他们完全没有犯任何罪,只因为他们是犹太人而受到无辜的关押或者残杀。维克多·弗兰克也是其中之一。

弗兰克被纳粹分子们转送到各个集中营,其中也包括有名的奥斯维辛。他在那段经历中学会了生存之道,那就是每天刮胡子。他说:"不管你身体有多弱,不管你有没有刮胡刀,就算是用一片破玻

第三章
把人生中的压力转化为一种力量

璃,你都必须保持这个习惯。因为每天早晨当囚犯列队接受检查的时候,那些因生病而不能工作的人就会被挑出来,送入毒气房。假如你刮了胡子,看起来脸色红润一些的话,你逃过一劫的机会便大大增加了。"

在集中营中,他们干着很重的活,却吃得很少,根本不能得到维持身体所必需的养分。很多犹太人在这样的虐待之下迅速消瘦,身体越来越差,更多的人在日复一日的折磨和恐慌之下失去了生存下去的希望,从而悲凉地离开了人世。

但是弗兰克却永远那么乐观。当他和难友们成群结队地去干活的时候,他总是在心里思念他可爱的妻子。虽然他们颠簸着前行,虽然他们跌倒在冰上,但是他却和难友们搀扶着前行,手拉着手往前走。对妻子的惦念让弗兰克充满了勇气,再次和妻子见面、尝到妻子做的饭菜、感受到妻子温馨的关怀,成了弗兰克在狱中最大的愿望。

他每天都在思考逃走的办法,但是一些同伴们却笑话他,他们悲观地认为没有人能从集中营里逃出去。

当同伴们笑话他的时候,弗兰克也没有停止思考,更没有沮丧,他仍然乐观地过每一天,并且做着他该做的事——思念自己的妻子,思考逃跑的方法。

终于有一天,他成功地逃脱了!他在野外干活时,趁着黄昏收工的时候钻进了大卡车底下,把衣服脱光,趁人不注意的时候爬到了附近一座赤裸的"尸山"上,完全不顾刺鼻的臭味和令人厌烦的蚊虫,一动不动。直到入夜后他才悄悄地起来,趁着夜色狂奔几

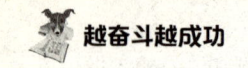

十千米,终于到了安全的地方。

他的乐观救了自己的命!

这个世界上没有绝望的处境,只有对处境绝望的人。人们虽然不能选择自己所处的环境,但是却可以选择自己对待生活的态度。

弗兰克能从集中营里面逃出来,大家都认为是个奇迹,因为能从集中营里面逃出来的人简直是凤毛麟角。我们习惯于去艳羡别人创造出来的奇迹,然而又有多少人去关注过那些奇迹是怎么被创造出来的?

机会不会白白从天上掉下来,它只会青睐有准备的人。如果弗兰克没有乐观的心态,没有逃走的决心,他能从那个人间炼狱里面逃出来吗?然而弗兰克的乐观让他做好了准备,从而获得了新生,这也就是中国古代所说的"自助者天助"吧。

只有当你在生活中保持乐观的心态,永远不放弃希望时,你才有可能创造奇迹。

在美国,有一个心理学家做过一个疑病演示实验,心理学家想通过这个实验搞清楚心理暗示对人的影响。

这个实验需要很多的人手,所以这个心理学家雇佣了很多助手来帮助他。

首先,他把助手们安插在会议室报告厅内部不同的地点,让他们利用休息时间来接触实验者,但是事先没有和实验者打过招呼。助手们的服饰和周围人的服饰是一样的,没有什么特殊的标志。

然后,实验开始了,第一名助手走过去对实验者说:"您好,您

第三章
把人生中的压力转化为一种力量

看起来脸色很不好,是身体不舒服吗?需不需要我的帮助?"当实验者听到这样的问候以后,一般都会微笑着摇摇头,表示自己没有什么问题,这样的话对实验者的影响并不大。

然后,第二个助手走过去对同一个实验者说道:"先生,您好,您的脸色很不好,需要喝杯热水吗?"然后把准备好的热水递过去给实验者。这个时候实验者会愣一下,开始怀疑自己看起来脸色是不是真的很不好。有的人会接受一杯热水的帮助,有的人不会,但是所有的实验者心里都会相信自己今天的脸色真的很不好。

再然后,第三个助手会走过去对同一个实验者说:"先生!让我扶您一下吧,您的样子看上去快要不行了。"这个时候实验者几乎都被吓懵了,多数会接受被扶一把的帮助,然后坐在一旁休息。

之后,第四个助手上前来,对旁边的人喊道:"喂,朋友,快找个地方让他躺下,他看起来快不行了。"这个时候实验者身体上一般都会有一些不良反应,他觉得自己真的病了。

最后,第五个助手也过来,大喊道:"快请医生来,这个人快不行了!"这个时候实验者已经完全相信自己已经病了,很多人这个时候已经不能自己走路或者站起来了。

然后,大家急急忙忙地把实验者送到医院里面去检查。

结果,这些实验者们纷纷都相信自己病了,有的还真的在医院里面住院进行治疗。

这个实验进行了很多次,每一次都是找30多岁的很健康的人,但是这个实验结果没有一次是不同的。

人的身体结构是很神奇的,好心态还可以影响一个人的身体

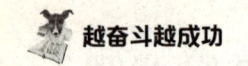

状况。

  如果一个人不乐观的话,他所得到的不仅仅是情绪低落、萎靡不振,还很有可能会得很严重的疾病。所以,我们必须使自己每天都保持愉快的心情,只有每天都快乐一点点,才能身体健康、远离疾病。

  乐观,不仅是一个人心理上的要求,也是一个人身体上的要求。只要我们每天快乐多一点,只要我们每天给别人多一点快乐,这个世界就会少了很多悲剧,多了很多欢乐。

第三章
把人生中的压力转化为一种力量

乐观心态让我们有更多快乐

虽然世界上的每个人都是唯一的，但生活馈赠给每个人的快乐几乎是没有差别的。或者说，快乐根本就没有贫富之分，也没有贵贱之分。生活在世界上，不管你是处于一种怎样的地位，都会有自己的烦恼，也会有自己的快乐，但最终快乐与否，就是要看我们是否有乐观的心境，是否能发现生活中快乐的一面。

很久以前，在某个小岛上有一个小国家，这个国家的国王有个非常乐观的仆人。无论遇到什么不顺心的事情，即使是坏事，他也能从中找到乐观、快乐的元素。然而，国王有时候却受不了这个仆人的乐观精神。

有一天，国王带着这个仆人到森林中打猎，到了中午，收获了不少猎物。国王非常高兴，便亲自用刀砍柴，准备午饭用的柴火。可是，砍柴过程中出了一点意外，国王由于用力过猛，不小心用刀砍断了自己的小脚趾。这时候，采摘蘑菇的仆人从远处走来，正好看到了这一幕。国王皱起眉头，大骂道："这该死的树木，该死的刀，

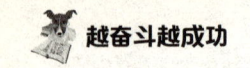

让我失去了一根脚趾。"

乐观的仆人立即上前安慰国王说:"主人您息怒,这是一件好事啊。"国王正在气头上,听到这话,心里更加不爽,对着仆人嚷道:"你刚才说什么?你敢再说一遍吗?"

仆人肯定地说:"这是一件好事啊!也许这次意外能给您带来意想不到的好处呢!"

国王大怒,心想:"这个小小的仆人竟然也嘲笑我。"于是国王抓起仆人,把他扔进了枯井里,一个人骑马向着城堡走去。

让人没想到的是,在返回城堡的路上,势单力薄的国王被一帮土著人抓住了,把他当作献给山神的祭品。土著人把他带到了部落的大祭司面前,大祭司认真检查了这个活祭品,发现祭品少了一个小脚趾。于是,大祭司说:"这个祭品不完整,不能用来祭祀神灵,否则就是对神灵的不敬。你们还是找一个健全的人来,放他回去吧。"

这个国王被释放后,马不停蹄地赶回了城堡,庆幸自己捡回了一条命。回到了城堡,国王突然想到了那个仆人的话,觉得他说得非常在理。于是国王亲自带着一支队伍来到了森林的枯井旁。当国王到达枯井时,本以为那个仆人肯定在悲伤地哭泣,却没想到他竟然在那里快乐地唱着歌,丝毫没有担忧的样子。

国王把仆人救出来以后,真诚地对他说:"你说得对,幸好这场意外,我才没有成为神灵的祭品。他们看到我少了一个脚趾,就放我回去了。我真不应该把你扔到枯井里。"

仆人说:"不,国王,幸好您把我丢在了井里。"

国王不解,问道:"你这次又想说什么呢?"

第三章
把人生中的压力转化为一种力量

仆人解释说:"如果不是您把我扔在井里,救了我一命,我现在也许在天上成为神灵的仆人了。"

国王听了,哈哈大笑起来。

悲观的人总是在叹息:我的快乐在哪里?我到哪里寻找快乐呢?又是谁抢走了我的快乐呢?事实上,快乐是一种心情、一种心态,别人根本无法剥夺。心态的调节作用是巨大的,只有保持一颗乐观的心,才能够看到美好、看到希望,从而心情愉快,使得快乐常驻心田。有了这样的乐观心态,就能坦然地面对得失,进而收获更多的快乐。

曾经有一位哲学家不小心掉进了水里,被人救上岸后,他说出的第一句话竟是:呼吸空气是一件多么幸福的事情。据说,这位哲学家活了整整100岁。就在临终之际,他还是微笑着、平静地重复那句话:"呼吸是一件十分幸福的事。"正是这种乐观的心态让他更加珍惜生命,快乐地生活着,而在这个过程中,相信他也是很幸福的。

人生不过短短几十年,如果总是悲观地看待这个世界,那么快乐何在?很多人因为生活中的得失而备受折磨,其实有得必有失,一时的得失不会影响人生的进程。如果你总是把一时的得失挂在心头,不能释然,那么,内心也就得不到平静和快乐;如果能够乐观地看待这些得失,就会少一些烦恼,多一些快乐。

选择快乐让我们拥有好心情。反过来,如果我们选择用一种抑郁的心情去体味人生,那么,我们的一生也就会充满折磨和煎熬。用积极乐观的态度看待人生的人,在生活中也一定是十分受欢迎

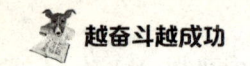

的人。

一个农夫家里有两个水桶,它们一同被吊在井口上。其中一个水桶对另一个水桶说:"你看起来似乎闷闷不乐,有什么不愉快的事吗?"

"唉,"另一个水桶回答,"我常在想,这真是一场徒劳,好没意思。常常是这样,刚刚重新装满,随即又空了下来。"

"啊,原来是这样。"第一个水桶说,"我倒不觉得如此。我一直这样想:我们空空地来,装得满满地回去!"

人不应该让抱怨左右自己,不应把计划和行动都与情绪扯上关系。无论你的处境对你来说多么艰难,你都应努力去支配和改变你所面临的环境,始终让自己保持乐观的状态。

要想快乐地生活,就需要拥有乐观的态度。乐观是快乐人生的催化剂,乐观的心态让我们拥有更多的快乐,而生活中的情趣则需要我们用心去体会,只要我们能够时时看到好的一面,我们就能够开心快乐地享受每一天,人生就会充满快乐与幸福。

第三章
把人生中的压力转化为一种力量

换个心态，换种心情

换个角度，世界不一样；换个心态，心情不一样。一个人的心态对于他做的事是否能够成功是有很大影响的，可以说，只有平和乐观的人才能获得成功。

从前，有四个人结伴出行，要从一个城市走到另外一个城市去。他们分别是一个盲人，一个聋子和两个身体健全的人。

在路上，他们遇到了一座非常险要的铁索桥，它连接的是一条大河的两端绝壁，而且这里是去另外一个城市的必经之路，要想去到他们的目的地，就必须通过这座铁索桥。但是这里山高桥险，水流湍急，如果从桥上掉下去的话绝对没有生还的可能。

面对这样一座桥，他们四个都很害怕，也很担心，一起停在了桥前面。

这个时候，其中一个健全的人想："我的身体很健全，既不盲，又不聋，只要我细心一点，一定可以过去的。而且那么多人都过去了，去到了那个美好的城市，那我为什么不可以呢？我一定能过去

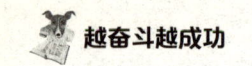

的,不会那么倒霉就掉下去。"于是,他自告奋勇地先过桥,在剩余三个人的担心下有惊无险地过了桥。

得知他安全地到达了桥对面,剩下的三个人都舒了一口气。

那个盲人心里想:"我什么都看不到,也就不知道山高桥险。既然不知道危险,那么我过桥的时候就会心平气和,这样就能过河了。过河最重要的就是心平气和。"于是,盲人第二个过桥,他果然和自己想的一样,心平气和地过了桥,成功地到达了桥对面,离他们理想的城市又近了一步。

那个聋子想:"我什么都听不到,也就听不到下面河水的怒吼和咆哮,这样我就不会有恐惧感。只要我不恐惧,就能心平气和地过桥,一定能安全地到达桥对面,最后到达那个我理想中的城市。"于是,那个聋子第三个过桥,他只是努力地往前看,听不到下面河流的怒吼,也就感觉不到恐惧,从而安全地抵达了桥对面。

最后是另外一个四肢健全的正常人,他非常悲观,一点儿自信都没有,他心里想:"这里太危险了,我能过去吗?一掉下去可就尸骨无存了啊!但是他们三个都过去了,我要是不过去的话就到不了那个城市,而且一个人回头无异于找死,肯定还没有回到我们以前住的城市就死在路上了。"就这样,最后一个人被迫走上了铁索桥。他过桥的时候非常害怕,时而看看旁边的峭壁,时而看看下面湍急的河水,又听到河水疯狂的咆哮,这一连串事件惹得他心烦意乱,最后失足掉到河里淹死了。

就这样,他们一组里面只有三个人过了那条河,最后到达了他们心目中的理想城市。他们三个人在新的城市里面都生活得很幸福。

第三章
把人生中的压力转化为一种力量

就如故事里面那四个人一样,身体的健全与否不是过河的关键,关键是心态。无论你是否有缺陷,只要你有了乐观的心态就能获得成功。

从前,有一个喜欢烦恼的老太太,她经常为一些莫名其妙的事情烦恼,喜欢杞人忧天,所以过得很不愉快。

她有两个很听话的孩子,她含辛茹苦地抚养他们成人,他们都有了自己的生活和家庭。大儿子开了一个小店,专门卖太阳伞;小儿子也开了一个小店,专门卖雨鞋。

兄弟两个非常勤奋,靠着自己的收入养活着老太太和自己的小家庭。虽然不是特别富裕,但是日子也还过得去。但唯一不好解决的事就是,老太太每天都很担心、很烦恼,所以身体变得很差。

天晴的时候,老太太很烦,对旁边的人说道:"现在天气这么好,我小儿子的雨鞋怎么卖得出去呀?"

下雨的时候,老太太也很烦,说道:"现在的雨下得这么大,我大儿子的太阳伞怎么卖得出去啊?"

两个儿子知道老太太的烦恼,但是也没有办法,不知道怎样才能使老太太开心起来。

有一天,镇子里来了一个很聪明的外乡人,听到了兄弟俩的烦恼以后哈哈大笑,对他们说:"不用担心,让我去劝劝老太太吧,我保证能让她开心起来。"于是,那个聪明的外乡人去了老太太的家里,悄悄地对老太太说了一些话,然后老太太就开心了起来。

遇到天晴的时候,老太太就开心地说:"太好了,今天天气这么好,我大儿子的太阳伞一定会卖得很好。"

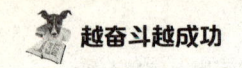

遇到下雨的时候，老太太也开心地说："太好了，今天的雨这么大，我小儿子的雨鞋肯定会卖得很好！"

于是，无论是天晴还是下雨，老太太的心情都很好。老太太的心情好了，身体也就好了。他的两个儿子也很开心，一家人的日子越过越好了。

明明是同样一件事，但是为什么会让老太太有截然不同的两种心情呢？这完全是心态的问题。只有在生活中保持乐观的心态，才能让自己过得好，同时让爱自己的人也过得好。

对于我们来说，我们虽然不能选择自己所处的环境，但是却可以选择自己对待生活的态度。不过，值得一提的是，并不是一个人有了乐观的心态就是真正的乐观。真正的乐观，不是盲目的，不是不切实际的。真正的乐观态度，是明知前方会有更大的困难和挑战，也相信经过努力会获得成功，无论何时都会对生活抱着积极乐观的看法。

第三章
把人生中的压力转化为一种力量

让世界跟我们一起笑

在印度,流行着这样一段俗语:"你对生活笑,生活也对你笑。笑,不需要理由,你只要笑,不要问为什么。笑过之后,你就会活力四射。"这段话,就给我们指出了微笑的魅力所在。

据说,在印度的新德里,有一个"笑一笑俱乐部"。俱乐部的成员每天都会在清晨5点30分的时候来这里聚会,以笑声来迎接新一天的到来。

每当天空露出鱼肚白的时候,他们就会在老师的带领下,伸展双臂,把手高高地举过头顶,然后开始微笑。稍后,他们便会将微笑转为"咯咯"大笑;5分钟后,他们会将双手放下来,自然垂放在身体两侧,开始低声暗笑;几分钟后,他们又会仰头放声大笑。整个过程大约持续一个多小时。

卡特利亚是这个俱乐部的创始人,他是一名医生。经过大量的研究后,卡特利亚发现:一个人只要懂得微笑,他的大脑就会发出指令,让身体分泌出更多"快乐"的化学元素。

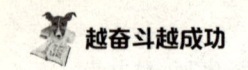

学会微笑，是一种积极的人生态度。鲁迅先生告诉过我们："伟大的心胸，应该表现出这样的气概——用笑脸来迎接悲惨的厄运，用自信的勇气来应付一切的不幸。"这就说明，懂得微笑，不仅会让我们充满自信，还可以让我们面对不幸时拥有积极的人生态度。

学会微笑，是一种宽容。只有懂得微笑的人，才能在和他人进行交往的时候付出真诚；只有懂得微笑，才能结交各式各样的朋友；只有懂得微笑，才能真正地认识自己。

学会微笑，是对别人的一种尊重。在人与人之间，如果没有起码的尊重，没有相互之间的理解，是很难达到共赢的。要想获得成功，首先就要学会尊重他人。

卡耐基说："笑容能照亮所有看到它的人，像穿过乌云的太阳，带给人们温暖。"这是因为，适时地露出一个微笑，不仅可以打破僵局、温暖人心，还可以将个人的缺点淡化掉，帮我们树立起信心。

微笑就像一缕四月的清风，可以把你的愉悦吹拂到别人的脸上。当你向大家微笑的时候，你的微笑不仅在感动着别人，也在感动着自己。可能你的微笑不一定是可爱的、漂亮的，但一定是美好的、温柔的，一定会让人得到心灵的宁静与平和。

当你微笑的时候，也许会让一些人感到莫名其妙，可是更多的人会感觉很舒服，他们的嘴角一定也会不自觉地上扬。这个时候，对于你来说，世界就是温暖的，天空就是湛蓝的，人们之间就是平等的。

微笑的力量是非常惊人的。有微笑面孔的人，就会有希望。因为一个人的笑容就是他好意的信使，他的笑容可以照亮所有看到

第三章
把人生中的压力转化为一种力量

的人。

学会微笑，是一种温暖。高尔基说："说句笑话只用一分钟，可是能管一个钟头的事。"好话一句三春暖。微笑就像是春天的天空中出现的一丝候鸟的踪迹，柳树枝头吐出的一缕嫩绿的新芽；微笑就好比春天里一股煦暖的微风，拂面而来，吹拂着我们不平静的心怀，吹拂着我们久已冻结的心。

詹姆斯是一个很严肃的人，他很少笑，总是给人一种很冷酷的感觉。他也是一个认真工作的人，而且不浮夸，总是把事情做得井井有条，为人一丝不苟。因此，他很受上司的赏识。

詹姆斯也是一个好丈夫、好爸爸。他会把每个月的工资都交给自己的妻子，还会陪自己的孩子去玩，也会很用心地关注妻子和孩子们的事，是一个名副其实的好男人。

但是他就是有一点不太好，那就是过于严肃，很少笑。

有一天，他们公司的老板召开了一个职工会议。在会议上，公司的老板说："如果你在家庭中人际关系不好的话，就会影响你的心情，你心情不好的话就会影响你工作的效率，而且你的这种情绪会扰乱在你旁边工作的人，这样就会让整个公司的气氛都很不好。"

这句话虽然是讲给所有员工听的，但是詹姆斯却在想是不是针对自己，他还觉得老板在讲话时看了自己两眼，然后就反省自己："难道我真的太严肃了吗？我的家庭关系不好吗？我影响工作了吗？我影响其他人了吗？"

于是，詹姆斯决定要改变。他买了一条漂亮的围巾，送给他的

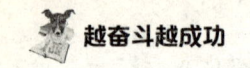

妻子作为礼物；还买了一个小机器人，给他的儿子做礼物。

在回家的时候，他微笑了一下，然后拿出了自己的礼物，送给他的妻子。他的妻子收到了礼物以后很开心，给了他一个热情的吻，并让他休息一下，准备吃饭。之后，他把那个小机器人也拿了出来，送给了他的儿子，他的儿子开心地哈哈大笑，捧着小机器人就到院子里面去玩了。

结果，在吃晚饭的时候，他发现自己的妻子和孩子都对自己格外地热情，也格外地开心，他自己也感到比以前幸福很多。

生活中不总是充满了阴雨，只要我们学会笑一笑，就会觉得生活还是很美好的，有很多美好的事情等着我们去做，等我们去体会。只要我们像故事中的詹姆斯一样，学会笑一笑，就会觉得生活中充满了幸福。自己本来很平淡的生活，只因为有了笑容，就会变得这么精彩。

每个人的一生，不可能一帆风顺，我们总会遇到许多的苦难和困难。当我们处在苦难中，当我们身处困境时，我们应该怎样来面对呢？其实，苦难并不可怕，只要我们能在苦难面前笑一笑，我们就会发现，一切其实都很简单。

范仲淹小的时候就被送到学堂里面念书。由于家里条件不是很好，所以他的生活十分艰苦，每天都只煮一锅粥，然后把粥分成四份，早晚各吃两份，再拌上一些随便捡回来的野菜，撒点盐。

生活条件虽然很艰苦，但是却没有影响他的学习。虽然每天吃不上一顿饱饭，但是范仲淹很努力地看书，学习成绩优秀，成为了老师的得意门生。

第三章
把人生中的压力转化为一种力量

其他同学刚开始对他很不以为然，还因为他的家贫而取笑过他。后来发现他的学习成绩很好，对同学也很友善，大家就开始佩服起他来了，愿意和他做朋友。

他有一个相处得很好的同学看见他每天只吃那么一点点东西，很不忍，于是就提出要出钱赞助他，让他吃得更好一点，却被范仲淹婉言谢绝了。那个同学很不解，范仲淹正色道："我非常感谢你的好意，但是恕我不能接受。我并不是喜欢过这种每天吃粥的生活，我也希望可以过好一些的生活，但是我已经过惯这种每天吃粥的日子了。古人说'由俭入奢易，由奢入俭难'，我怕到时候我就吃不了苦了，所以我不能接受你的好意。"

后来，范仲淹继续埋头苦读，终于考取了功名，成为北宋著名的宰相。

有的时候，苦难是上天给我们的一笔财富，那些没有吃过苦的人，那些没有经历过磨难的人是很难取得巨大的成就的。范仲淹无疑是一个历史上的名人，他幼年时的贫苦经历在很大程度上影响了他的性格，也影响了他日后的文风和政治方针，这些东西都是他成功路上不可缺少的东西，所以，上天在让他受苦的同时也给了他一笔可贵的财富。

我们在面对苦难的时候，不能怨天尤人、悲观失望，我们要能够想到，苦难也是一笔财富，面对苦难的时候也要笑一笑。上天今天让你遭受这样的苦难，日后也会让你得到加倍的成功。

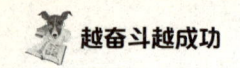

承认残缺也能获得快乐

有位哲人曾经说过:"完美本是毒。"事事追求完美是一件痛苦的事,那无疑是向着不可能去努力。一切都是徒劳,只会让我们的心灵受到毒害,给我们平添了许多烦恼。这个世界本来就不是完美的,它本来就是以"缺陷"的样式呈现在我们面前的。"残缺"才是生活的本色。上帝并没有创造一个标准的人,我们每一个人都像是被上帝咬了一口的苹果,都是有缺陷的。所有人的人生都是一样的,有圆有缺有满有空,这是你不能选择的。但你可以选择看待人生的角度,多看看人生的圆满,选择实现价值的生活方式。

很久之前,安国寺的老住持想要选一个衣钵传人,于是他决定考验一下两个徒弟。

一天,老住持对他们说:"你们两个到前面的树林去捡一片最完美的树叶。"两个弟子去了树林。

没多久大徒弟回来了,将手中的树叶递给了师父,说:"师父,我捡的这片树叶虽然看起来并不完美,但是它却是一片完整的

第三章
把人生中的压力转化为一种力量

树叶。"

师徒二人等了半天,终于等回了二徒弟,发现他没有带回树叶。二徒弟很沮丧,对师父说:"师父,我看到了很多的树叶,但挑来挑去也挑不出哪一片才是最完美的。"

最后,老住持认定大徒弟继承自己的衣钵。

其实,在生活中,每个人也都渴望"捡一片最完美的树叶",这种想法无可厚非,但如果一心只想着十全十美,完全按照这个标准来找的话,那么最终只会两手空空,一无所得。对于我们而言,完美应该是一种激发我们奋进的动力,而残缺则是帮助我们找到最好的活法,之后在顺其自然的努力奋斗过程中,体会到无尽的快乐。

爱默生曾说:"如果你不能当一条大道,那就当一条小路;如果你不能成为太阳,那就当一颗星星。"当不了大树就当小草,当不了江河就当小溪。在这个世界上,完美主义是一种理想状态,因为世上任何事物都有瑕疵,不存在绝对的完美,所以要放弃要求完美的想法。但我们可以追求完美,让一切趋于完美。

生活中,许多人都感叹命运不好,其实是他们没有找到正确的活法。在追求完美的心态下,他们被烦恼扰乱了心境。所以,他们无论何时都不会感觉到快乐,更多的是抱怨和哀伤。

曾经有一个人,大半生都在坎坷中度过。他忍受不了这种命运,于是就祈求上帝改变自己的命运。上帝听了他虔诚的祈祷,被打动了,于是对他说:"你在人间找一个对自己命运心满意足的人,找到的话,那么你就不会有霉运了。"那个人听了上帝的话,踏上了寻找的路程。

有一天,那个人来到了王宫,面见了国王,问:"尊敬的国王,您手握着至高无上的皇权,享受着人间的荣华富贵,您对自己的命运满意吗?"

国王叹了叹气,说:"我虽然是一国之君,但却天天寝食不安,担心有人会取代我。平时,我还要为国家大事操心,根本就没有快乐可言。我还不如一个流浪汉呢!"

离开王宫,那个人又继续寻找。在一棵大树下他见到了一位流浪汉,上前问道:"流浪汉,你不必为国家大事操心,可以无忧无虑地在大树下乘凉,连国王都羡慕你,你对自己的命运满意吗?"

流浪汉听完之后,哈哈大笑起来:"国王会羡慕我?你没有开玩笑吧!我一天到晚都为了食物发愁,我怎么可能对自己的命运满意呢!"

就这样,那个人又走了世界很多地方,询问了各种各样的人,他们都对自己的命运不满意,都是摇头叹息、口出怨言。

那个人回到家之后,认真反思了这一段经历,终于不再抱怨有残缺的生活。说也奇怪,自从他有了这种感悟之后,命运竟然好了起来,快乐也多了起来。

有句广告词说"没有最好,只有更好"。的确,生活中处处都有遗憾,这才是真实的人生。人生在世,我们不要苛求完美,因为它根本不存在。所以,在这个前提下,我们要努力寻找一个更好的方法,用行动去改善事物,而不是空悲叹,一味抱怨;我们应该用包容的心去看待事物,而不是到处挑毛病,让不必要的烦恼侵扰自己的心灵。不妨事事顺其自然,当然,这并不是说随波逐流、随遇而安，而是指一个人明确自己的人生方向后踏踏实实地顺着这条路走下去，不羡慕别人的成功，也不事事苛求完美。只有这样，我们才不会因为残缺而整日郁闷、抱怨。

　　生活在这个不完美但又不失美好的世界上，我们要做的就是承认自己和外界的残缺，既不感叹命运，又不抱怨时代。只有这样，我们的内心才会宁静，才可以坚定地走在自己选定的人生路上，在生活中创造出无穷的乐趣，在前进中发现无尽的幸福与欢乐。

第四章

总有一个情怀，支撑你义无反顾

著名作家托尔斯泰说过："志向是指路明灯，没有志向就没有方向，就没有生活。"人生匆匆，一个人要想在人生之中有所建树，首先就得要确立一个目标，并且坚定不移地去执行，为实现目标而不懈努力。只有起点没有终点，心有多高路就有多远，心怀远志是我们成功的基础。

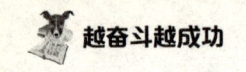

穷且弥坚,不坠青云之志

人们常说:"人穷志短。"之所以这样说,是因为人们在穷困时缺少一样很重要的东西——志气。他们没有战胜困难的意志和精神,也没有改变现状的勇气和决心。于是他们在贫穷中抱怨着、自卑着,日复一日地重复着繁重却不能摆脱贫穷的工作。殊不知,贫穷不是命里注定的,只要你有志气,只要你有改变它的勇气和决心,就一定能如你所愿。人可以穷,志却不可以短。只要有志气,就一定能做出一番事业来。

1944年4月7日,格哈德·施罗德出生于德国北威州德特莫尔德市莫森贝格镇一个工人家庭。在他出生后不久,父亲在第二次世界大战中阵亡,母亲为抚养他们兄妹5人曾当过清洁工。他们住在一个没有自来水、没有厕所的两居室房间里。这个房间以前是一个专门养羊的畜棚。

现年81岁的前邻居埃里卡斯·卡拉宾回忆说:"施罗德一家从来吃不起肉,只能靠卷心菜等蔬菜来艰难度日。"有一名叫玛里克·雷曼的前邻居回忆说:"当地孩子们获得的教导常常是:不要跟施罗德家的孩子们玩耍。"因此,当地几乎没有同龄孩子愿同施罗德交往,他们都将小施罗德看作一个"流浪者"。

施罗德从来没有刻意隐瞒他的卑微出身,偶而谈起艰苦的童年时他说:"也许这正是驱使我发愤图强的动力之一。过去的经历帮我找到了我的奋斗之路,我想不断改善自己的处境。但我并不想只为自己这么做,我还想通过自己的努力改善其他人的处境。"

当出身贫穷、身材矮小的施罗德公开了"一定要当国务院总理"的志气后,遭到一片谩骂和诋毁,甚至一些报刊禁止刊登他参加竞选的消息。

艰苦的生活环境造就了施罗德自立自强的性格。施罗德上的是普通中学,毕业后只能接受职业培训,没有上大学的资格。随后,他一边在瓷器店当学徒,一边坚持上夜校,于1966年通过高级中学考试,进入哥廷根大学上夜大,攻读法律专业,后获得律师资格。

1963年,当施罗德刚满19岁时就加入了社会民主党。1978年当选为青年社民党主席,1980年首次当选为联邦议院议员,1990年当选为下萨克森州政府总理。在1994年州议会选举中,他摆脱了对执政伙伴绿党的依赖,单独执政;在1998年3月的州选举中,施罗德的执政地位随着社民党选票的增加得到进一步巩固。在1998年4月17日召开的社民党特别代表大会上,施罗德正式被推举为该党联邦总理候选人。不久后,他当选为德国总理,实现了自己立下的大志。

面对贫穷与困境,怨天尤人解决不了问题,反倒令境况更糟。只有胸怀"鸿鹄之志",才能产生大动力、大意志,个人的才能才会

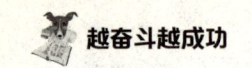

得到最大限度的发挥。所以，无论你陷入了怎样的境遇，都不要被困难打倒，应该振作，给自己树立一个目标，并用实际行动来实现它。即便不能取得最后的成功，但至少你尽力了，不会等老了的时候才后悔没有好好把握人生。

1999年，重庆市公路运输总公司的雷长碧下岗了，她的生活一下陷入了窘困当中。为了生存，她先后摆地摊卖过书，还当过装卸工人，但这些毕竟都不是长久之计。后来，喜欢打扮的她发现发廊生意火爆，便立志做一名出色的美发师。

为学到美发技术，雷长碧在美发师傅门口站了好几天，终于感动了对方，收下了她这个大龄弟子。从此，她像着了魔似的钻研各种美发技术，还到北京著名的美发学校进修。

终于有一天，雷长碧用借来的500元钱开了一家小美发店。小店开在沙坪坝的中心地段，一开始顾客并不多，第一天开业的收入仅有26元钱。此时，她还面临着两个十分具体的问题：一是她每天上下班要花费4小时，从早到晚工作12小时，每天天不亮就要提着饭盒上路，晚上回家连说话的力气都没有了，倒头便睡；二是她怀孕了，妊娠反应强烈，腿部一直浮肿，朋友们说她整个人都变形了。

再苦再累，她一句抱怨的话也没有，为了自己的志向，她一直坚持着。就这样，一剪刀一剪刀地"剪"出了一个集4个美发连锁店、13家美发加盟店、一所专业美发学校为一体的重庆太阳风化妆品公司，资产已超过千万元。

"天下英雄气，千秋尚凛然"，这是唐代诗人刘禹锡赞美刘备的诗句。仅有满口的豪言壮语，还不是真正的"英雄气"，也难以成为真正的大成功者。一个人，特别是一个出身贫穷的人，要改变自己的命运，走出人生的困境，不仅要立大志，更应该在逆境和打击面前矢志不移，"咬定青山不放松"，直到人生理想的实现，这才是真正的英雄气、大志气！

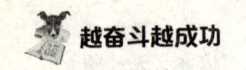

要立长志，不要常立志

要想成功，一定要有志气，立大志向。你的过去或现在是什么样并不重要，你将来想要获得什么成就才是最重要的。你必须对未来怀有远大的理想，你必须定立明确的奋斗目标。否则，即使你终日忙碌，也最终一事无成！

人们在赶路的时候常常会有这样的体会：当确定只走 10 千米的路程时，走到七八千米处便会因松懈而感到劳累；但如果目的地在 20 千米以外的地方，同样是走到七八千米处，此时却会感到斗志昂扬。

可见，志向就如同那黑夜航行于大海之上的远处的灯塔，亦如同暗夜穿行于沙漠之中的让我们不会迷失方向的北斗星。没有志向作为人生的"灯塔"，在大风大浪时就很容易"翻船"；没有志向作为人生的"北斗星"，我们一生会处于无边无际的沙漠之中，无法找到快乐的"绿洲"。

小杨就读于一所重点大学，在学校里非常优秀。大学毕业后，

第四章
总有一个情怀，支撑你义无反顾

他在一家航空公司上班，决心要干出个样子来。果然，精明能干的他很快就被提升为部门经理。随着交际面的拓宽，他涉足了其他一些领域。他发现做证券生意很赚钱，又决定在证券业发展，就在上班之余和几个朋友合伙办了个证券公司，赚了一笔钱，尝到了甜头。不久，他又瞄上了药材生意，生意成功之后，他的目光又转向了下一个目标。短短几年时间，他就涉足多个领域，但都是浅尝辄止，志向也是变来变去。最终他一事无成。

他不由地感慨道："我现在才明白过来，再也不想着要做多少多少事情了，就从一件事做起，就向一个目标努力。"此时他唯一的出路就是重新调整目标，选中一个方向前进。他选择了房地产业，熬过一段艰难岁月，终于东山再起，成为一位成功的房地产商。

一个人一旦确立了目标，就该紧抓着这个目标，本着"咬定青山不放松"的态度，一步一个脚印地去实现，才能真正有所成。

巴斯德曾说："立志是一件很重要的事情。工作随着志向走，成功随着工作来，这是一定的规律。"可是有人却偏偏不懂这个道理，他们朝三暮四，朝秦暮楚，不能从一而终，最后只会一事无成。

法国昆虫学家法布尔这样劝告一些爱好广泛而收效甚微的青年，他用一块放大镜示意说："把你的精力集中放到一个焦点去试一试，就像这块凸透镜一样。"这实际是他个人成功的经验之谈。他从年轻的时候起就专攻"昆虫"，甚至能够一动不动地趴在地上仔细观察昆虫长达几个小时。我国著名气象学家竺可桢也是一个目标聚焦的践行者，他观察记录气象资料长达三四十年，直到临终的前一天，还在病床上作了当天的气象记录。

明朝宋应星有《怜愚诗》云:"一个浑身有几何,学书不就学兵戈。南思北想无安着,明镜催人白发多。"可见,确立一个长远的目标是很重要的,尤其是在现代各种科学和社会领域都很宽广的条件下,谁也不可能样样都去涉猎。其实,人生只有短短几十年,只要能在自己选定的领域里有所成就,也就不枉此生了。

在2007年时,网上评出了一位"史上最牛的乞丐",他就是来自湖北的夏海波。夏海波出生于农村家庭,因患病而成了家人的沉重包袱,无奈之下只好当了乞丐。

虽然成了乞丐,但夏海波并没有放弃学习,也没有丢掉自己的梦想。在乞讨时,他胸前挂着纸牌,身后挂着报纸,一言不发地坐在路边,只顾翻阅着手中的英文小说,这一点使他与附近的乞丐形成了鲜明对比。有人用英语跟他讲话,他都对答如流。晚上,夏海波会去网吧,用博客的形式写下自己一天的感受。上床后,还要读一段泰戈尔的诗直到睡去。

虽然乞讨,但是他仍旧坚持写作,没有忘记自己的梦想。行乞中,他喜欢用文字记录心情,写成心灵日记《沉沦》。他希望自己的书能够出版,并表示无论结果如何,都会将文学理想进行到底。

后来,有了一定的积蓄后,夏海波开始卖报纸。因为他有志气,所以得到了许多好心人的帮助,其中就有一位"知心姐姐",一直在物质上和精神上帮助他。

"今后我不会再乞讨,我的目标就是用文字养活自己。"夏海波向人们展示了"最牛乞丐"的志气。为此,他一边在成都卖报纸,一边写作。后来,夏海波带着书稿一路乞讨回到湖北老家,并找到

第四章
总有一个情怀，支撑你义无反顾

武汉出版社的编辑。出版社知道他的情况后，表示愿意帮其优惠出书。得知此事后，长春一位书商毅然出资 3 万元帮助夏海波出书。这位书商最初因同情夏海波，便通过 QQ 信息给夏海波留下了自己的联系方式，称可以力所能及地帮助他。但是，在亲眼见到夏海波以后，夏海波的坚强和志气让他折服，知道夏海波要出书的事情后，他便毅然决定出资帮助他。后来，夏海波的书顺利出版了，他终于实现了自己的梦想。

有志之人立长志，无志之人常立志。如果一个人不断改变自己的志向，变换着去追逐新的梦想，往往是一事无成。只有确立一个长远的目标，并拿出全部的智慧和力量去追求它，才有可能取得成功！

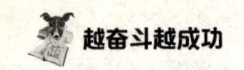

壮志满怀，实现人生的理想

一个人如果希望自己将来取得成功，希望自己功成名就，他现在可以一无所有，可以默默无闻，但绝对不能没有理想，没有志气。没有志气的人是会被人看轻的。

美国有个小男孩，父亲是个马术师，因此他常常跟着父亲走南闯北。由于常年四处奔波，他求学不是很顺利，常常换学校，学习成绩也不太理想，得不到老师的喜欢。

有一天，老师布置学生写作文，题目是《我长大以后》。那天晚上，他十分认真地写了整整5页纸，详细地描述了他长大后的志愿："我想长大后拥有自己的一个大农场，我要在农场中央建造一栋很大的别墅。我的农场里拥有很多的牛羊和马匹，还有很多的农工在我的农场里帮我种植和放牧……"第二天，他把作文交给老师，老师却给他打了个"不及格"，还把他叫到办公室去。

他问老师："为什么不及格？"老师对他说："我认为，你太不现实，不切实际。你长大后买得起大农场吗？你还要造一栋别墅？你

第四章
总有一个情怀，支撑你义无反顾

去重写一篇，我会给你及格的。"

男孩想不通，回家问父亲。父亲看了看他的作文，非常高兴，对他语重心长地说："你这篇作文写得很好！你的想法非常好！我想，作文及格不及格不重要，重要的是你绝不能放弃你自己心中的理想！你要朝自己心中的理想去努力。"男孩听后，牢牢记住了父亲的话。他没有重新写那篇文章，也没有改变自己的想法。

20年后，这个男孩的理想终于实现了！他真的拥有了自己的一个大农场，在农场中央建造了一栋很豪华的别墅。他取得了成功，他的名声传到了海外。

这个男孩正是美国著名的马术师杰克·亚当斯，他常年在世界各地巡回演出，名扬世界。

生活中，很多人之所以没能实现自己的理想，不是他们不能，而是他们根本不懂得坚持，常常是刚刚遇到一点阻碍，就立刻改变方向，结果只能平平庸庸地过一辈子。但真正有志气的人，决不会因为挫折、困难而轻易放弃自己的志向。

因此，要成为一个真正胸怀大志的人，光有理想是不够的，还要有不达目的誓不罢休的决心与毅力。

小泽征尔先生是全日本足以向世界夸耀的国际大音乐家、著名指挥家。他之所以能够占据今天著名指挥家的地位，是因为参加了贝桑松国际音乐节的"国际指挥比赛"。

小泽征尔到达欧洲之后，首先要办的是参加音乐比赛的手续，但不知为什么，证件竟然不齐全，不为音乐执行委员会正式受理。这么一来，他就无法参加期待已久的音乐节了！

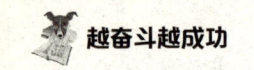

对于一般人来说，遇到这样的状况，很可能会就此放弃。但他不同，成为著名音乐家是他一直以来的志向，所以他不但不打算放弃，还要尽全力积极争取。

他来到日本大使馆，说出整件事的原委，然后要求帮助。可是，日本大使馆无法解决这个问题。正在束手无策时，他突然想起朋友过去告诉他的事。"对了！美国大使馆有音乐部，凡是喜欢音乐的人，都可以参加。"他立刻赶到美国大使馆。

这里的负责人是位女性，名为卡莎夫人，过去她曾在纽约的某音乐团担任小提琴手。他将事情的本末向她说明，拼命拜托对方，想办法让他参加音乐比赛。但她面有难色地表示："虽然我也是音乐家出身，但美国大使馆不得越权干预音乐节的问题。"她的理由说得很明白，但他仍执拗地恳求她。

原本表情僵硬的她，逐渐浮现笑容。思考了一会儿，卡莎夫人问了他一个问题："你是个优秀的音乐家吗？或者是个不怎么优秀的音乐家？"

他刻不容缓地回答："当然，我自认为是个优秀的音乐家，我是说将来可能……"他这几句充满自信的话，让卡萨夫人的手立时伸向电话。她联络贝桑松国际音乐节的执行委员会，拜托他们让小泽征尔参加音乐比赛。结果，执行委员会回答，两周后做最后决定，请他们等待答复。此时，小泽征尔心中有了一丝希望。

两星期后，小泽征尔收到美国大使馆的答复，告知他已被获准参加音乐比赛。这表示，他可以正式参加贝桑松国际音乐指挥比赛了！

第四章
总有一个情怀，支撑你义无反顾

参加比赛的人，共约60位，他很顺利地通过了第一次预选。终于来到正式决赛，此时他严肃地想："好吧！既然我差一点就被逐出比赛，现在就算不入选也无所谓了！不过，为了不让自己后悔，我一定要努力。"后来他终于获得了冠军。就这样，他拥有了世界大指挥家不可动摇的地位。

我们可以从他的努力中看出，直到最后，他都没有放弃，很有耐心地奔走于日本大使馆、美国大使馆。为了参加音乐节，他尽了最大的努力，如此才为他招来好运——获得贝桑松国际音乐指挥比赛的冠军，成为享誉国际的著名指挥家，获得了现在的地位。

在我们的人生中，有许多东西可以并且应该放弃，但最不该放弃的，就是自己的志向。因为志向是人拼搏奋斗的动力，也是最能让人体会到人生成就感的东西，如果轻易就将其放弃，是很难真正体会到人生的价值的。所以，真正有志气的人，一旦坚定了自己的志向，就要做好经受任何困难考验的准备，绝不轻言放弃。

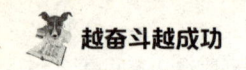

志向高远,要从低处着手

老子有言:"天下难事必作于易;天下大事必作于细。"要知道,你的志向无论多么远大,要实现它,也必须从一点一滴的小事做起。所以,做人千万不能好高骛远,只知抓着那个终极目标不放。有时候,从低处着手,反而更有利于目标的实现。

年轻人需要有远大的志向,但这志向的实现并非一朝之功,没有基础的积累,妄想一步登天是不可能的。登天需要阶梯,没有结实的梯子,就算你有孙悟空一个筋斗翻十万八千里的能耐,若没有驾驭云朵的基本功,也会从天上摔下来。

正是因为如此,一位人事部经理才不无感慨地说:"招聘员工,有时大专生、中专生可能更容易被我们接受。有的大学生自认为是天之骄子,到了公司就想唱主角,强调待遇。真正找件具体工作让他独立完成,他却往往拖泥带水、漏洞百出。大事做不来,安排他做小事,他又觉得委屈,抱怨你埋没了他这个人才。我们招人是来做事的,做不成事,我们光要一个大学生的文凭又有何用?所以,

第四章
总有一个情怀，支撑你义无反顾

相比之下，招聘大专生、中专生反而更符合实际，对企业更有用。"

所以，有志之人应该懂得从低处做起，只有这样，才能踏踏实实、一步一个脚印地走向成功。

维斯卡亚公司是20世纪80年代美国最为著名的机械制造公司，其令人垂涎的待遇和足以自豪、炫耀的地位仍然向那些有志的求职者闪烁着诱人的光环。

史蒂芬是哈佛大学机械制造业的高材生，和许多人的命运一样，他在该公司每年一次的用人测试会上被拒绝。史蒂芬并没有死心，发誓一定要进入维斯卡亚重型机械制造公司。于是，他采取了一个特殊的策略——假装自己一无所长。

他先找到公司人事部，提出为该公司无偿提供劳动力，请求公司分派给他任何工作，他都不计任何报酬来完成。公司起初觉得这简直不可思议，但考虑到不用任何花费，也用不着操心，便分派他去打扫车间里的废铁屑。一年下来，史蒂芬勤勤恳恳地重复着这种简单却劳累的工作。

有一次，公司的许多订单纷纷被退回，理由均是产品质量问题，为此公司蒙受了巨大的损失。公司董事会为了挽救颓势，紧急召开会议商议对策。会议进行了很长时间却仍未见眉目，这时史蒂芬闯入会议室，提出要见总经理。

在会上，史蒂芬对这一问题出现的原因做了令人信服的解释，并且就工程技术上的问题提出了自己的看法，随后拿出了自己对产品的改造设计图。这个设计非常先进，恰到好处地保留了原来机械的优点，同时克服了已存在的弊病。

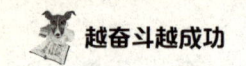

总经理及董事会的董事见这个编外清洁工如此精明在行,便询问他的背景及现状。之后,史蒂芬被聘为公司负责生产技术问题的副总经理。

原来,史蒂芬在做清扫工时,利用清扫工到处走动的特点,细心察看了整个公司各部门的生产情况,并一一做了详细记录,发现了存在的技术性问题并想出了解决的办法。为此,他花了近一年的时间搞设计,获得了大量的统计数据,为最后一展雄姿奠定了基础。

古人云:"百尺高台,起于垒土;千里之行,始于跬步。"诚哉斯言!再高远的志向也要从最低处着手。从低处着手,首先应将自己的志向分解为可以量化的目标。比如每年赚5万元,20年内赚到100万元,这样既做到了"大处着眼",又做到了"小处着手"。

1960年曾轰动全美的老太太昆丝汀·基顿,在84岁高龄时,竟然徒步走遍了整个美国。人们为她的成就感到自豪,也感到不可思议。

有位记者问他:"你是怎么实现徒步走遍美国这个宏大志向的呢?"

老太太的回答是:"我的目标只是前面那个小镇。"

基顿老太太的话富含人生哲理。

我们每个人都为实现自己的目标而奋斗。但如果你的目标和计划不具体——无法衡量是否实现了——那会降低你的积极性。因为向目标迈进是动力的源泉,只有充分地了解自己在一定的时限内所要完成的特定任务,你才会集中精力开动脑筋,最大限度地挖掘自身的潜能。如果无法知道自己向目标前进了多少,你肯定会泄气,

第四章
总有一个情怀，支撑你义无反顾

失去干劲。

一个个量化了的具体目标，就是你人生成功旅程上的里程碑、停靠站。每一个"站点"都是一次评估，一次安慰，一次鼓励，一次加油。

胸怀大志，从低处着手，从现在做起，不要浪费这一分一秒，也绝不要有半分半秒的迟疑！立即去做！马上行动！这样你人生成功的壮丽愿景才会一一实现。

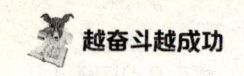

穷，也要站在富人堆里

如果因为穷而不接触富人，就永远无法富裕起来；如果因为身份卑微而不接触大人物，就永远难以成为大人物。生活中，很多人常为了自己的贫穷而自卑，没有漂亮的衣服，没有气派的房子……其实物质上的贫穷是次要的，如果你的心灵贫穷，你才真该为自己感到自卑。

"穷，也要站在富人堆里。"这是在犹太人中流传甚广的一句话。就是这么简简单单的一句话，却成为犹太人发家致富的秘诀。这种说法看似难以理解，实则很有道理。一个一穷二白的人如果站在富人当中，就能耳濡目染，渐渐就会发现富人是如何变富的，有钱人是如何变得更有钱的。有了致富的经验，就有了"资本"，因为经验在有些时候就是金钱。要知道，很多有钱人不会为资本头疼，他们更为关心的是有没有好的投资项目。

犹太人的这种智慧有着很好的借鉴意义，因为任何一个小人物都很"穷"：想成为一个企业家，可惜没有足够的资本；想成为一个

第四章
总有一个情怀，支撑你义无反顾

科学家，可惜没有足够的学识，等等。当遇到这种局面时，我们应该怎么办呢？最明智的做法是向大人物看齐，将他们视为自己的偶像和奋斗目标。在与他们接触、向他们学习的过程中，一步步将自己变成一个大人物。

美国著名企业家查尔斯·齐瓦勃先生的事迹就是一个很好的例证。他一开始生活在宾夕法尼亚的一个山村里，从事着马夫这个卑微的职业。可是谁又能想到他以后会成为一个名声赫赫的人物呢？

抛弃了马夫职业后，他的第一份工作是在钢铁大王安德鲁·卡内基的工厂做工。当时，他并没有把这份工作的薪水看得有多重，而是在关心新的位置和过去的位置相比哪个更有前途和希望。正是这种想法使查尔斯·齐瓦勃在新的位置上拼命地工作，希望通过自己的努力换来等价的回报。在近30岁的时候，他坐上了卡内基钢铁公司总经理的位置；39岁的时候，他又坐到了全美钢铁公司总经理的位置上。

一个生机勃勃、目标明确、深谋远虑的人，每一天都是快乐的，因为他们每天都在进步着，相信"士别三日，当刮目相看"是不断积累的结果。他们知道只有前进才能进步，不管是进一寸还是进一尺，最重要的是每天都在进步。

李嘉诚在幼年时就尝尽了人间苦难。父亲逝世时，家庭贫困不堪，父亲没有给家里留下财富，反而在全家最需要他的时候离开了。当时的李嘉诚才14岁。14岁对于常人而言正是享受父母的呵护、疼爱的年纪，李嘉诚却不得不面对生活摆在他面前的一切苦难，如家境的贫穷、母亲的羸弱、社会的动荡、世态的炎凉。为完成父亲临终时的遗愿，他谢绝舅舅继续供他读书的好意，开始了自己的求生之路。

费尽辛苦，李嘉诚终于得到了一份茶楼跑堂的工作，工作异常辛苦，上班时间长达15个小时以上。店伙计每天必须在凌晨5点左右赶到茶楼，为客人们准备好茶水茶点。白天茶客较少，但总有几个老翁坐在茶桌旁泡时光。李嘉诚是地位最卑下的堂仔，大伙计休息时，他还要待在茶楼伺候。晚上是茶客最多的时候。茶楼打烊时，已是夜半时分了。但是回到家后，他还要就着油灯苦读到深夜。由于学习太用心，他经常会忘记时间，以至于想到要睡觉的时候，已到了上班的时间。他的同事们闲暇之余聚在一起打麻将，李嘉诚却捧着一本《辞海》在读，时间长了，厚厚的一本《辞海》被翻得发了黑。

李嘉诚后来回忆起这段日子，说他是"披星戴月上班去，万家灯火回家来"。这对于一个才14岁的少年来说，实在是太不容易了。李嘉诚后来对儿子谈起他少年时的这段经历时，感慨地说："我那时最大的希望，就是美美地睡上三天三夜。"

尽管这样想，但他不敢有丝毫懈怠。李嘉诚每天都把闹钟调快10分钟，定好响铃，最早一个赶到茶楼。后来，他将这一习惯保留了大半个世纪。在今天，大家都知道李嘉诚的手表永远都比别人的快10分钟，这早已成了商界交口称赞的美谈了。

多年的经营造就了一代富豪，李嘉诚的富有得益于他对自己的严格要求、追求上进，他没有被穷困吓倒，始终不让贫困占据自己的心灵。谁也不能否认李嘉诚所拥有的气度——坚毅、上进心、责任感，而正是这种气度让他成为了杰出华人。

无论你面对的是什么事实，心灵的贫穷都极其可怕。也只有心灵的贫穷才是真正的贫穷，是一种远离志气的贫穷，是一种失去了希望的贫穷。

世上只有饿死的苍蝇，没有累死的蜜蜂，只要付出劳动，就能够得到回报。有了一定的资本后，再结合自己从富人那里学到的致富经验，不断地以钱生钱，久而久之，自己也会成为一个富人。反之，如果一个贫困潦倒的人从来没有接触过富人，只知道按照既有的方式去苦苦耕耘、埋头苦干，最多只能过个衣食无忧的生活。

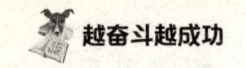

人生贵有志,不要虚度光阴

我们从小就学过很多珍惜时间的诗句,比如说"少壮不努力,老大徒伤悲""我生待明日,万事成蹉跎",等等。这些都是劝大家抓紧时间,不要虚度青春的诗句。父母也经常教育我们要珍惜时间,"一寸光阴一寸金,寸金难买寸光阴"。

很多人都曾感慨青春易逝,痛惜逝去的青春。是啊,岁月不待人,时间如流水,走过了就永远不再回来。碌碌无为者一生都在感叹时间的无情。有为之士则是把徒劳的抱怨抛在脑后,抓紧时间,争分夺秒,向着心中的目标前进,直到抵达成功的终点,之后,他们又将开始新的征程,因为盛年不再来,岁月不待人,他们选择继续前进,为了更伟大的目标而努力。

高尔基说过:"时间是最公平合理的,她从不多给谁一分。勤劳者能叫时间留下串串果实,懒惰者只能叫时间留下一头白发,两手空空。"我们虽然不能让时间停留,但是却可以充分利用每一分每一秒。

无论是谁,生命都是用时间来丈量的,最终都会步入坟墓。因

第四章
总有一个情怀,支撑你义无反顾

此,时间就显得弥足珍贵。时间就是生命,绝不可虚度光阴,因为浪费时间就等于在消耗生命。

德国著名文学家歌德一生勤奋写作,作品极为丰富,有剧本、诗歌、小说、游记,一生留下的作品共有140多部,其中世界文学瑰宝——诗剧《浮士德》,长达12111行。歌德为什么能取得如此惊人的成绩?原因之一就在于他一生非常珍惜时间,把时间看作是自己的最大财产。他在一首诗中这样写道:"我的产业多么美,多么广,多么宽!时间是我的财产,我的田地是时间。"歌德是这样说的,也是这样做的。他一生中视时间为生命,从不浪费一分一秒,直到1832年2月20日,这位将近84岁的老人在临死前还伏在桌上专心致志地写作。

鲁迅先生有句格言:"哪里有天才,我只是把别人喝咖啡的时间用在工作上了。"他为我们留下了600多万字的精神财富,正是由于他把别人喝咖啡的时间都用在了写作上的缘故。

珍惜时间的例子数不胜数,珍惜时间的成功者更是多如牛毛。他们之所以能够成就辉煌的一生,就是因为比别人付出了更多。

莎士比亚是400年前文艺复兴时期的英国大戏剧家、大诗人,1564年出生,1616年去世。他24岁时开始写作,在短短20年里,写了37部剧本,2部长诗,154篇十四行诗,给后人留下了丰厚的精神财富。他的剧本全都是享有盛名的大作,400年来在欧洲各国反复上演;近百年来又被多次重拍成电影。在中国,莎士比亚的许多剧作同样也是家喻户晓。为了纪念他,众多国家发行了邮票。

马克思称莎士比亚是"人类最伟大的天才之一"。确实,莎士比亚很有天赋,口齿伶俐,仪态潇洒,具有表演才能。但是,他的成功更多的是来自他的勤奋。莎士比亚有句名言："放弃时间的人，时间也放弃他。"他非常珍惜时间，从不放弃点滴空闲。莎士比亚少年时代在当地的一所"文学学校"学习，学校要求非常严格，因而他受到了良好的基础教育。在校6年，他硬是挤出时间，读完了学校图书馆里的上千册文艺图书，还能背诵大量的诗作和剧本里的精彩对白。

莎士比亚从小喜爱戏剧。他出生在一个富裕家庭，父亲是镇长，喜欢看戏，经常招来一些剧团到镇上演出。每次莎士比亚都看得非常入迷。镇上没有演出时，他就召集孩子们仿效剧中的人物和情节演戏。他还自编、自导、自演一些镇上发生的事，很小就表现出非凡的戏剧才能。

后来，父亲因投资失败而破产，13岁的莎士比亚走上了独自谋生的道路。他当过兵，做过学徒，当过瓦匠，干过小工，还做过贵族的管家和乡村教师。在为养家糊口的奔波中，他对各种各样的人物进行了细致的观察，还记录了他们很有个性的对话，这些都为他日后的创作积累了素材。

莎士比亚22岁时来到伦敦，由于对戏剧的强烈追求，他在一家剧场里找到了一个看门的工作。起初，他只是给看戏的达官贵人们牵马看车。之后，他用挣来的小费转付给一些小孩帮他完成工作，自己却抓紧时间到剧场里去观看演出。后来，莎士比亚开始在演出中跑龙套、当配角。对此，他感到很高兴，因为这样可以使自己在舞台上更近距离地观摩到演员们的表演。后来，莎士比亚当了"提词"。躲在道具里的他在做好本职工作的同时，还抽空把自己对每个演员演出时的观感记录下来。

正当莎士比亚成为正式演员时，欧洲开始流行鼠疫，成千上万

第四章
总有一个情怀，支撑你义无反顾

的人死去，剧场被迫关门。老板和演员们都出外躲避鼠疫，莎士比亚却选择留下来看守剧院。在经济极度萧条的两年里，莎士比亚抓紧时间阅读了大量的书籍，整理了自己各个时期的笔记，修改了好几部剧本，并开始了新剧本的创作。等到英国经济复苏、演出重新红火的时候，莎士比亚的剧作一炮打响，他本人也由此成了最杰出的演员。

莎士比亚的成功，在于他懂得珍惜点滴时间进行学习、思索和创作。他的剧作源于生活，高于生活，不仅文字优美、语言丰富、人物个性鲜明，而且对白也极富韵律，使观众很容易从内心里生发出感同身受的情绪。

时光无私，对人们是平等的。不同的是人们对它珍惜上的差异，我们不能因自己的过错而埋怨时光。珍惜光阴，永不停歇，方能思想常青，与时俱进。

任何学习成果都不是一朝一夕获得的。然而有人终日做着"成才梦"，却不肯付诸行动去学习；也有的人总认为自己没有成才的天赋，便放弃追求，不再奋斗，整天自怨自艾。殊不知"人之为学有难易乎？学之，则难者亦易矣；不学，则易者亦难矣"。俗话说："功到自然成。""不经一番风霜苦，怎得梅花扑鼻香？"如果坚定自己成才的目标，勤学好问、不懈努力，成功的大门会向每位勤学者敞开。

青春不可虚度，流金岁月不待人，一去不复返的时光就像河水一样，日夜不停。我们进德修业，都应该像那永不止息的河水一样，孜孜不倦，不舍昼夜。珍惜时间，树立目标，这是我们一生中都应遵守的准则。只有把这两项作为座右铭，时时刻刻牢记在心，才能使我们有限的生命焕发出无限的光彩。愿天下有志成才的年轻人都能抓紧分分秒秒的时间，努力拼搏，为实现心中的理想而努力。

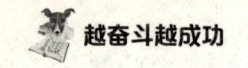

安于现状只会让你志气低沉

中国有句名言:"滴自己的汗,吃自己的饭,自己的事情自己干;靠天,靠地,靠祖宗,不算是好汉!"它教导我们,在生活中应该摆脱依赖性,懂得凡事靠自己,有独立自主的心态。依赖性强的人往往没有主见,缺乏自信,所以永远只能居于从属地位。一个凡事总想依赖别人的人是危险的,因为再强大的依靠也有消失的一天,所以一个人最大的靠山只能是自己,而自己最大的靠山是独立的心态。

有人做过这样的试验:如果把青蛙放在沸水里,它会立即跳出去。如果把它放在温度和室温一样的水里,再逐渐加热到沸腾,青蛙就会被活活烫死。这个试验告诉我们:安于现状、不思进取,是失败的开始。

生活中,很多人像青蛙一样,满足于当前的生活模式,维持现有的生活状态,拒绝改变现状,忽略外在环境的变化发展。这种不思进取的人生态度是很不可取的。

福勒是美国路易斯安那州一个黑人佃农七个孩子中的一个。他

第四章
总有一个情怀，支撑你义无反顾

在5岁时开始劳动，在9岁之前就以赶骡子为生。这并不是什么特殊的事，大多数佃农的孩子都是很早就参加劳动的。这些家庭认为他们的贫穷是命中注定的，是上帝的安排，所以，他们没有改变现状的要求和行动。

小福勒有一点不同于身边的小朋友们，那就是他有一位不寻常的母亲，他母亲的不寻常就在于她对"贫穷是由于上帝"的"真理"产生了怀疑。

母亲对儿子说："福勒，我们不应该贫穷。我不愿意听到你说'我们的贫穷是上帝的意愿'。我们的贫穷不是由于上帝的缘故，而是因为你的父亲从来就没有产生过致富的愿望。我们家庭中的任何人都没有产生过出人头地的想法。孩子，靠你的一双手和一个脑袋，我们一定能富有起来。"

"没有产生过致富的愿望"和"我们一定能白手起家"这两个观念在福勒的心灵深处刻下了深深的烙印，以致改变了他一生的方向。

长大了的福勒决定把经商作为致富的捷径。他最终选定的经营项目是他推销肥皂的那家公司，这家公司即将拍卖出售，售价是15万美元。福勒想买下它，但他零售肥皂12年只积攒了2.5万美元。

福勒没有退缩，他找到了这家公司的总裁，对他说，他打算买下这家公司。他先交2.5万美元的保证金，然后10天内付清余款12.5万美元。如果10天之内他筹不齐这笔巨款，他的保证金归公司所有。

10天期限的最后一天，福勒想尽所有办法，总共筹集了11.5万美元，仍差最后1万美元。万般无奈之下，福勒在深夜走进了一间

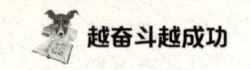

陌生的承包商事务所。

"你想在一个月内赚1万美元吗?"福勒直截了当地问道。

这句话使得承包商吃惊地向后仰去,"是呀!当然啦!"他下意识地答道。

"那么,给我开一张1万美元的支票,一个月后当我奉还这笔借款时,我将另付1万美元的利息。"福勒对那个人说。他把其他借款人名单和数目给这位承包商看,并且详细向他解释了这次商业冒险的情况。

最后,福勒从承包商那里得到了1万美元借款。一年内他除还清全部借款和利息外,还盈利10万美元。

美国历史上有一句名言:当一个国家的青年人都因循守旧时,它的丧钟便已经敲响了。这便是安于现状、不思进取导致的严重后果。

要成为一个不断进取的人,就要克服懒惰。这样才能不断进步,不断取得好成绩。如果没有警觉,一味纵情享乐,安于现状,就会乐极生悲,像秋风过后草木凋零一般凄凉。

人皆有惰性,一旦条件优越,就难免不思进取。然而,一个人要想在异常激烈的社会竞争中不被淘汰,还是有一点危机意识的好,这样就可以未雨绸缪,主动出击,多一点生存的技能与智慧,对未来就多几分机会与把握。类似的一些人由于满足于现状,不断降低要求,而失去了追求更高境界的意志,于是只会等待,难以成功。停滞不前、安于现状的人,将会被现实抛弃。

满足于已取得的成绩不仅会使人停滞不前,丧失进取心,而且

第四章
总有一个情怀，支撑你义无反顾

还可能酿成悲剧。只有当我们不满足于现状时，我们才会得到进取心带来的无穷力量。我们为什么没有看到山顶上众多的成功者与山脚下的未参与者之间的不同呢？我们可以考察不同类型的登山人，将他们的追求分别以不同的形式表现出来。在他们的生活中，他们具有不同层次的成大事观和快乐观，有的喜欢这样的成大事者，有的喜欢那样的成大事者，这如同他们对不同快乐的态度一样。我们在日常生活中已经遇到了这些人，他们是那样容易被发现，可以说，存在于我们整个人生的旅途中。他们就在我们的周围，在我们的人际关系里，在我们的组织机构里，甚至在新闻广播中。

生活中的你一定不能因为暂时的困境而萎靡不振，你需要在困顿中明确自己的定位，因为定位不仅能改变你的人生目标，更能改变你对人生的看法和对生活的态度。把你的定位再提高一些，你的人生就会有所不同。

戴高乐说："眼睛所到之处，是成功到达的地方，唯有伟大的人才能成就伟大的事。他们之所以伟大，是因为决心要做出伟大的事。"教田径的老师会告诉你："跳远的时候，眼睛要看着远处，你才会跳得更远。"

一个人要想成就一番大的事业，必须树立远大的理想和抱负，有广阔的视野，不追求一朝一夕的成功，耐得住寂寞和清贫，按照既定的目标始终坚持下去，到最后，一定会获得成功。

孟子曾说："生于忧患，死于安乐。"自然的法则是"适者生存"。在竞争日益激烈的环境下，贪图安逸，必将一事无成。我们应该居安思危，时刻提醒自己应不断进步，只有这样，才能在社会中拥有

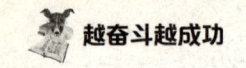

自己的一席之地。

贪图安逸,等于自毁前程。一旦人处于安稳快乐的环境中,就会忘记忧患的存在,消磨自己的意志,不求上进,得过且过,哪里还谈得上什么发愤图强?所以,古人把贪图安逸、纵情享乐比作是饮用毒酒,味道虽然甘美,喝下去却是要死人的。

安于现状,只会消磨你的志气。因此,无论你是什么身份,职员、老板、学生、自由职业者……也无论你现在是成功还是失败,都应坚决杜绝安于现状、不思进取的思想,要以一种积极向上的心态去赢得一个精彩的人生。

第五章

你的热血是理想的另一种诠释

　　困难、挫折总是在我们无法预料的情况下出现。俗话说：没有一条通向光荣的道路是铺满鲜花的。如果一心只想避免挑战，你便会在它突然到来时措手不及。既然它们总会出现在我们眼前，我们何不做好积极面对的心理准备，鼓起勇气接受它，并把它当作人生不可多得的宝贵财富呢？

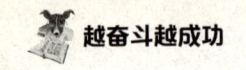

永远都不要逃避

我们在生活中常有许多难以预料的事情发生。有些是我们希望的，有些是不希望的。遇到那些希望发生的事情，我们当然很愿意接受，甚至希望它来临得更早一点；但遇到那些不愿意看到的结果，我们就很难接受它。可是，事情既然已经发生，我们就无力回天。那么，我们就应该回避退缩吗？如果回避退缩可以解决问题，我们大可以回避退缩，但事情并不是这样的，有时你的退缩恰好会增强事情的严重性。所以，遇到一些难以解决的问题时，我们要好好想清楚再做进退的打算。

人生下来不是为了享受的，人生最大的享受在于你创造出伟大的业绩。曾国藩所奉行"打掉牙，和血吞，有苦从不说出，徐图自强"的立世准则，就是告诉我们必须对自己狠一点。正是他自己几十年如一日的狠劲，才创造出不平凡的业绩，为后世所推崇膜拜。

人要活下去本来就是很艰难的，退缩是要不得的，既然走上人生这条路，注定我们要锐意追求不回头。

第五章
你的热血是理想的另一种诠释

有人提倡向麻雀学习一味追求的精神，他就是日本著名的经营大师松下幸之助。松下幸之助在他的自传体丛书中说："仔细观察一下鸟类的生存，会收到很大的教益。比如生活在庭院的麻雀，它们总是争分夺秒地飞飞跳跳，一味地寻觅食物。它们始终处于无任何思考余地，只能拼命地无休止地为生存而努力的活动之中。如不这样，麻雀就生存不下去，稍有偷懒就会因缺乏营养而死亡。"

美国总统罗斯福在中年时患了小儿麻痹症，当时他正在做参议员，在政坛上炙手可热。面对这样的打击，他几乎想要退隐乡园。因为刚开始时，他一点儿也不能动，必须以轮椅代步。他是一个好强的人，他讨厌整天依赖别人把自己抬上抬下，那种退缩的心理经常搅得他无法正常生活。可是他自己必须面对现实，否则所有的梦想都会变成泡影，人们会说他是一个懦夫。于是，一到晚上他就一个人偷偷练习上下楼梯。

有一天他告诉家人说，他发明了一种上楼梯的方法，要表演给大家看。他先用手臂的力量，把身体支撑起来，挪到台阶上，然后再把腿拖上去，就这样一级一级艰难缓慢地爬上楼梯。他的母亲见状忙阻止他说："你这样在地上拖来拖去的，给别人看见了多难看。"罗斯福却说："我必须面对自己的耻辱。"

就这样，他积极地与生活的不幸对抗着，并最终赢得了胜利。

摆在人们面前的生活本来就是很严峻的。如果不了解这一点，而是轻易地说"我们没有信心干好啊"之类的话，这种姿态其实是不负责任的。退缩的念头，会在一个人表现不佳的时候探出头来。退缩的典型精神标语除了上面那一句，还有"不要没事找事""不要

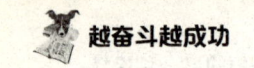

惹是生非，兴风作浪""不要不自量力"。退缩会磨蚀一个人的潜力，大大降低其能力与表现。

由于退缩而导致的不良后果实在不少。首先，它会养成一个人怯懦、消极的习惯。刚开始只怕一件事，接下来就是第二件、第三件，一直到成为不可自抑的习惯性反应。一旦演变为一种习惯定式，那么个人发挥的空间将越来越狭隘，而成功的机会也就越来越渺茫。于是，你会轻视自己，逐渐失去对生命的热爱，向前看去只觉得前途无"亮"，其实是自己的退缩在作怪。

退缩是一种恐惧心理，具有传染性。当一个人因为某方面的事而退缩，同时也会影响到他全部的生活。生活好像一部机器，退缩仿佛是机器的某个零件松动了。在一件事上退缩，暂时影响不大，但从长远来讲，一个零件松垮，可能引起其他部件出问题，整个机器也将会运转不良甚至报废。所以要小心旋紧每一颗螺丝钉！

退缩使自我失去平稳。不同的事情，却无法以相同的信心和态度来面对时，非常容易导致自我的失衡，以致无法在事后重新肯定自己。一再地退缩会使你感到：一切徒劳无功，不再有爱，人生乏味，而生命力也逐渐枯竭。谁愿意看到这样的结果？恐怕没有。唯一可行的就是决不退缩。

事实上，任何人的人生都不可能是一帆风顺的，很多意想不到的事情总会在不经意间阻挡我们前进的路，如果你在这种情况下退缩了，你就失去了看到障碍背后美好风景的机会。随着社会竞争压力的增大，我们这一代人面临的生活困境也会随之增加，如果你一味地选择逃避，到最后很可能是那个被压在最底层的人。更可怕的

第五章
你的热血是理想的另一种诠释

是，有的人因为难以接受生活中的现实，出现失忆或失语现象。这样的结果不会比勇敢地面对现实好到哪里去。因为，如果面对现实也许还有百分之一的机会出现奇迹，如果选择了逃避退缩，那就是连这百分之一的机会也放弃了。所以，有的人不是因为没有得到想要的结果而痛苦，而是因为放弃了之后才发现，原来美好的未来就在眼前，却因为自己不能坚持而与之擦肩而过。

因此，在任何困难面前都尽量不要退缩，只要有一线生机就要努力争取，如果实在没有办法了，那就勇敢地接受现实。只有接受了现实，我们才有新的发展机会。

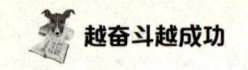

选择逃避是弱者的表现

困难和挫折并不可怕,可怕的是在你跌倒之后,继而迷失了方向,将自己的信念丢掉。越是逃避越是逃不开失败的命运,被挫折征服的人注定平庸,敢于迎难而上的人才能够品尝成功的甘甜。

谁都不希望遭受打击,更不愿意陷入困境,但它们又常常不期而至,如失恋、离婚、竞争失利、遭受失败、工作失误及天灾人祸等。生活中这些事情无处不在,以至于使人精疲力竭,走投无路。因而,人们几乎普遍认为挫折、困难是坏事,总在逃避着接踵而至的各种问题。

其实,许多时候事情不是到了无可挽回的地步,而是人们丧失了自信心,总把冲破困难的希望寄托在别人身上,从不想一下自己有无力量自救,能不能自救?还未战斗,已经自己把自己打败了的人,是无法做成大事的。

1983年,布森·哈姆徒手攀壁,登上了纽约帝国大厦。他在创造了吉尼斯世界纪录的同时,也赢得了"蜘蛛人"的称号。美国恐

第五章
你的热血是理想的另一种诠释

高症康复联席会得知这一消息后,致电"蜘蛛人"哈姆,打算聘请他做康复协会的顾问。

哈姆接到聘书后,给联席会主席约翰逊打电话,让他查一下第1042号会员。约翰逊很快就找到了第1042号会员的个人资料,那个人的名字正是布森·哈姆。原来他们要聘请为顾问的这位"蜘蛛人",本身就是一位恐高症患者。约翰逊对此大为震惊:一个站在一楼阳台上都会心跳加速的人,竟然能徒手攀上400多米高的大楼!他决定亲自去拜访布森·哈姆。

约翰逊来到费城郊外的布森住所。这里正在举行一个庆祝会,一名记者在采访一位老太太。原来布森·哈姆94岁的曾祖母听说他创造了吉尼斯世界纪录,特地从100千米外的家乡徒步赶来。她想用这一行动为哈姆的纪录喝彩。

谁知这异想天开的做法,无意间竟创造了老人徒步百千米的世界纪录。有一位记者问她:"当你打算徒步而来的时候,你是否因年龄问题而动摇过?"

老人镇定地说:"小伙子,打算一口气跑100千米也许需要考虑。但是,走一步路是不需要考虑的。只要你走一步,接着再走一步,然后一步再一步……100千米也就走完了。"

站在一旁的恐高症康复联席会主席约翰逊听了这些后,一下子便明白了哈姆登上帝国大厦的奥秘,原来他有向上攀登一步的勇气。

做任何事情都必须实施行动,任何行动中都难免要遇到危险和困难。战胜困难、面对危险需要的是勇气,勇气是战胜困难的急先锋、先行官。只有有了勇气,才可能披荆斩棘,走向成功;只有有了勇气，人特有的思想、智慧、感情和精神才能淋漓尽致地表现出来。

爱因斯坦说："勇气是上天的羽翼，怯懦却引人下地狱。"温斯顿·丘吉尔说："一个人不可在遇到危险的威胁时，背过身去试图逃避。若这样做，只会使危险加倍；如果面对它毫不退缩，危险便会减半。绝不要逃避任何事物，绝不！"

勇敢是一种敢于面对生活中的困难、敢于迎接新的挑战的英雄之气，是激励自我战胜心理上胆怯的一种无畏精神。没有勇敢品质的人，就不敢冲破世俗和传统习惯，不敢为天下先，也不会具有创新精神，更不会做出惊天动地的事业来。没有勇敢品质的人，他的才能的发挥会受到限制，他的智慧也将变得无用，他很容易丧失大好时机，更会丢失成功的机遇。

因此，每个人在面对困难和挫折时，都要勇敢地去面对和克服。勇敢者不是什么都不怕，他们的特点是面对自己的恐惧，采取的是积极的行动，而非退让。

布朗是美国一位最成功的电影制片家，但却先后被三家公司革职。这时，他才体会到大机构生活对他不合适。他在好莱坞晋升为20世纪福克斯公司第二号人物，后来建议摄制《埃及艳后》，不料这部影片卖座奇惨。接着公司大裁员，他也被裁掉了。

在纽约，他在新阿美利坚文库任编纂部副总裁，但是几位股东聘请了一位局外人，而他和这人意见不合，于是他又被开除了。

回到加州，他又进了20世纪福克斯公司，在高层任职6年。不过董事局不喜欢他所建议拍摄的几部影片，他又一次被革职了。

第五章
你的热血是理想的另一种诠释

布朗开始仔细检讨自己的工作态度。他在大机构做事一向敢言、肯冒险，喜欢凭直觉做事，这些都是当老板的作风，他痛恨以委员会的方式统筹管理。

分析了失败的原因之后，布朗自立门户，摄制了一系列受人欢迎的影片，如《大白鲨》《裁决》《天茧》等。

布朗作为公司行政人员确实很失败，但他天生是个企业家，只是过去干了不适合自己的工作，一时没有发挥出潜力而已。

你无论身陷何种困境，都不应该放弃自己的信念。倘若抱着敷衍塞责的态度，走到哪里算哪里，那么结果只能是失败。与其消极地去逃避，不如坚守自己的信念，理智地应对眼前所临的挫折和尴尬，相信自己的实力，努力寻找正确的突破口，力争克服它、解决它。其实，任何问题都不可以小觑，但是每一个难题又都有办法解决。

成功者能坦然地面对挫折，冷静地分析挫折的成因，自觉地以乐观向上的态度、坚定的信心，以及顽强不屈的意志和毅力去战胜挫折，使人生获得一次次超越，是挫折使他们变得强大，是挫折使他们成为了强者。

输得起的人，永远都有赢的机会，然而更多的人会在失败的打击下一蹶不振。他们会想，我失败了，我没脸见人了，我的前途再也没有光明了。其实这里面只有失败是客观事实，而所谓灰头土脸和前途渺茫都来自弱者的想象。成功者的特征之一就是能尽快走出失利的阴影，不让它影响自己的情绪和信心。

对很多人来说，"失败"这个词有一种结束的意味，然而对于成

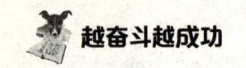

功者，失败只是一个开始。无论你已经失败了多少次，只要最终赢多输少，我们所拥有的依然是成功的人生历程。

其实，世上真正的救世主不是别人，而是自己，在困难和挫折面前不要逃避，而是要勇敢地面对现实。凭着自己良好的心态去战胜困难，成为生活的强者。

第五章
你的热血是理想的另一种诠释

走出失望,才能获得希望

消极情绪只会让人退缩、放弃,因为存有消极想法的人不想承受任何压力并躲避一切给自己带来压力的事情。

无论是处于顺境还是逆境,只要有希望,就能成就美好的人生,就能抛开负面情绪,以积极的思想去争取、去开拓。一个人的前途是光明还是黑暗,在于他们对未来的想法和计划。

逃避压力是一种非常态的行为,是要躲开受到挫折的现实。有些人遭受挫折后,往往不敢面对现实,而且放弃了原来所追求的目标,撤退到比较安全的地方去。逃避虽然能使紧张心理暂时得到缓解,但问题并没有解决,长期下去还会形成不良反应,使人害怕困难和挫折,因而不思进取。只有抛开消极情绪,正视挫折,不再逃避,才能真正地解决问题。

王经理在销售部刚上任两个月,他手下的销售代表柳生就被客户投诉贪污返利。经过审计部门调查,情况属实,并且返利单据上还有王经理的签名。这件事使董事长大为恼火,于是他亲自来到销

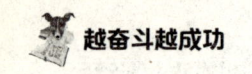

售部质问此事。

"我不知道你是怎么当经理的!"董事长对王经理说,"你手下的销售代表敢贪污客户的返利,这么长时间了,你居然不知道?而要等客户投诉到我这里才知道。你是怎么管理销售部的?"

"董事长,这的确不是我的错。"王经理辩解道,"按照流程,柳生的返利单报到我的助理那里,经过她审核整理好之后才给我签字的。我的工作很多,可能没看清楚。"

"这不是你的错,难道是我的错吗?"董事长很生气,接着他反问道:"是没有看清楚那么简单吗?你的工作比我还多吗?"

王经理一摊手,无奈地说:"是我工作疏忽,回头我会和助理商量改进工作流程,并要求公司处理她也处理我。"

"处理助理能挽回公司的损失吗?这件事应该负全责的人是你!"董事长对王经理的这种模糊态度更气愤了。

"是这样的,"王经理继续辩解道,"董事长,你也知道我刚来,销售部很多关系还没有理顺。我们都知道这个助理很能干,在工作上是一把好手。但我总感觉她和我的关系存在问题,没有理得很顺,甚至有时我要顺着她的意思来签署一些文件。毕竟我是新来的,要有适应的阶段,我保证今后这样的事情不会再发生了,你再给我一次机会吧!"

"本来我过来是想了解一下事情的原因,并不是要处理你的。不过,现在得考虑一下你的能力问题了。"董事长失望地说道。

有些人面临被解雇的危机,却仍假装没事,否定问题的存在;有的人工作热情很高,但在自己提出的建议被领导否定或遭到别人

第五章
你的热血是理想的另一种诠释

的讽刺挖苦时,便觉得多一事不如少一事,从此不再提建议;有的人在生活中一碰钉子,或者所追求的目标一时不能实现时,便心灰意冷,消极颓唐;还有的人在工作、学习时刚开始热情很高,但对困难估计不足,结果一遇到挫折就退下阵来。

走在茫茫的人生之路上,人们似乎总想寻觅一份永恒的快乐和幸福,总希望自己付出的真心、真情能得到别人的理解,能过上值得珍惜的生活。然而生活并不像想象的那样一帆风顺,在殷切的期盼中,人们难免会有失望。

那么,当自己的努力被现实击碎,当你的心灵走向麻木甚至绝望时,你该怎么办呢?

有一年秋天,文学家郭沫若到普陀山游览。在梵音洞赏玩的时候,他偶尔拾到一本笔记。为了寻找失主,他把笔记本打开来看,只见扉页上写了一副对联:年年失望年年望,处处难寻处处寻。横批:春在哪里。

郭沫若一见此对联,不由心中一寒,叹道:"此联未免太悲观了吧!"

接着翻看下去,郭沫若大吃一惊,原来笔记中还有一首绝命诗,诗歌下款还写着当天的日子。

郭沫若看罢,心急如焚。他知道必须马上找到失主,如果迟了,说不定那人就走上绝路了。于是,他立刻让随行人员去寻找。

众人四下里寻找了好一阵子,最终把那个欲绝命之人找到了,原来是一位神色忧郁、行动失常的姑娘。

郭沫若经过了解,知道这位姑娘因为考大学3次落榜,不久前,

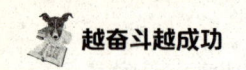

感情上又遭受了挫折，于是就产生了轻生的念头。

郭沫若听完姑娘的诉说，关心地对她说："下联和横批太消沉了，这不好。我替你改一改，你看如何？"

姑娘低头不语，郭沫若吟道："年年失望年年望，事事难成事事成。横批呢，就写'春在心中'。"

好一个"春在心中"！对联经郭沫若这么一改，顿时积极的力量倍增，消极之意尽去。姑娘听后感动不已，加上郭沫若的一番劝导，她已经断了自尽的念头，对人生的态度也从颓唐转化成进取。

面对生活的不幸，有的人由于极度失望而陷入深深的痛苦之中，以致采取了"人没有希望，也没有痛苦"的消极态度，让生活沿着这个态度和路线滑下去。这种人生态度是不可取的，要知道失望是生活中常有的现象，但是面对失望，需要有积极的心态，不可放任失望情绪，应该时刻保持希望。

希望是心中涌现的激情，是风雨不摧的愿望。一个人有希望，就有无尽的追求，有希望就不会害怕贫寒与孤独。如果心存希望，你就会看到前途的美好，只要你保持积极的态度，在黎明到来前整理好自己的情绪，希望就能给你带来自信的阳光。

第五章
你的热血是理想的另一种诠释

跌倒之后要爬起来

在人生的旅途中，总是会遭遇各种各样的挫折和失败。有的人总是自怨自艾、悲叹不已，跌倒了就再也站不起来；有的人却能勇敢积极地面对，最终取得成功。这就说明积极心态对人生的影响是巨大的。有一句成语叫作"置之死地而后生"，也就是说，斩断自己的后路，让自己陷入绝境中，往往可以创造出奇迹。在任何困境中都不要对生活失去希望，就能永远屹立不倒。只要坚持不懈地努力，只要有永不言弃的精神，成功一定属于你。

人可以被打倒，但不可以被打败。只要紧盯住自己的目标，即使100次跌倒，也要101次爬起来，用不屈的毅力和信念赢得未来。因为很多时候击败我们的不是别人，而是自己对自己失去了信心，熄灭了心中的希望之光。

很多伟大人物成功的历程都是一样的：跌倒了，爬起来；再跌倒，再爬起来……只不过他们跌倒的次数比爬起来的次数要少一次，而平庸者跌倒的次数只不过比爬起来的次数多了一次而已。最后一

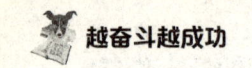

次爬起来的人，人们就把他们叫作"成功者"。

拿破仑说过："人生的光荣不在于永不失败，而在于能够屡败屡战。"成功的人不是从未被击倒过，而是在被击倒后，还能够积极地往成功之路不断迈进。

有人问一个孩子，他是怎样学会溜冰的。那孩子回答道："哦，跌倒了爬起来，爬起来再跌倒……就学会了。"个人的成功，军队的胜利，实际上就是这样一种精神：跌倒不算失败，跌倒了站不起来，才是失败。

有一名年轻人行走在雨中，路面非常泥泞，在途中跌倒了，他爬起来继续前行，可不久又跌倒了。如此几次，他终于趴在地上不再起来，还自言自语道："反正爬起来还会再跌倒，不如趴在地上算了。"

故事中的年轻人只是博人一笑，可现实中我们跌倒了该怎么办呢？面对挫折不要报怨，这点困难放到长长的人生道路上，并不足以阻止一个人前进的步伐。面对人生道路的崎岖坎坷，如果跌倒了就此趴下，一蹶不振，永远不会到达胜利的顶峰；而跌倒了再爬起来，总是会有成功的希望。

科尔曾经是一家报社的职员，他刚到报社当广告业务员时，对自己充满了信心，他向经理提出不要薪水，只按广告费提取佣金。

然后，他列了份名单，准备去拜访被认为是"极其难缠"的客户。去拜访这些客户前，科尔把名单上的客户各念了10遍，然后对着这份客户名单说："在本月之前，你们将向我购买广告版面。"

第一天，他和20个"不可能的"客户中的三个达成了交易；第

第五章
你的热血是理想的另一种诠释

一个星期的另外几天，他又成交了两笔交易；月底，20个客户中只剩下一个没有买他的广告。

第二个月，科尔没有去拜访新客户。每天早晨，那个拒绝买他广告的客户的商店一开门，他就开始做那位商人的思想工作，而对方每次都毫不客气地回答他："不！"然而科尔并不认输，继续坚持前去拜访。

这天是第二个月的最后一天，那位商人说："你已经浪费了两个月的时间来请求我买你的广告。我现在想知道的是，你为何要坚持这样做？"

科尔说："我并没浪费时间。从小，我的母亲就告诉过我，'如果你想要成功，就必须记得，从哪里跌倒，就从哪里爬起来。只有凭借这种坚持不懈的精神，你才能赢得最终的胜利。'所以我要谢谢你，给了我这个锻炼自己的机会。"

那位商人点点头，对科尔说："我要向你承认，你也给我上了一课，对我来说，这比金钱更有价值。为了向你表示我的感激，我要买你的广告版面，当作我付给你的学费。"

跌倒了并不可怕，可怕的是跌倒之后爬不起来，尤其是在多次跌倒之后失去了继续前进的信心和勇气。俗话说"胜败乃兵家常事"，跌倒怕什么，多次跌倒之后，人的抗摔能力便会增强。不管经历多少次的跌倒，内心都要依然火热、镇定和自信，以屡败屡战和永不放弃的精神去面对挫折和困境，失败中常孕育着成功的果实。

通向成功的道路布满了荆棘，我们必须拥有承受失败考验的心理准备，即使跌倒了，跌倒了的地方也有风景。我们要学会善待自

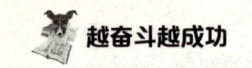

己的每一次失败，因为失败也孕育着成功的机遇。跌倒了就爬起来，也许下一站等待我们的就是鲜花和笑脸；跌倒了再爬起来，我们才能放弃平庸的人生。

如果你现在还沉浸在失败与泪水当中，那么请对自己说：跌倒了，爬起来再哭。在我们的日常生活当中，没有人会一生平安、一帆风顺。跌倒了爬起来就好，如果一味沉浸在失败的深渊里难以自拔，就永远无法迈出走向成功的那一步。要记住，摆在你面前的不是天堂，不是地狱，只有现实。

美国前总统林肯坚信"上帝的延迟，并不是上帝的拒绝"。成功就是屡败屡战，然后从每一个失败中学习，把每一次的失败经验，当成自己下一次成功的资本。

1832年，亚伯拉罕·林肯失业了，这显然使他很伤心，但他下决心要当政治家，当州议员，糟糕的是他竞选也失败了。在一年里遭受两次打击，这对他来说无疑是痛苦的。他着手自己开办企业，可一年不到，这家企业又倒闭了。在以后的17年间，他不得不为偿还企业倒闭时所欠的债务而到处奔波，历尽磨难。

1835年，林肯订婚了，但离结婚还差几个月的时候，未婚妻不幸去世。这对他精神上的打击实在太大了，他心力交瘁，数月卧床不起。1838年，他觉得身体状况良好，于是决定竞选州议会议长，可他又失败了。1843年，他又参加竞选美国国会议员，但这次仍然没有成功。

林肯虽然一次次地尝试，但却是一次次地遭受失败：企业倒闭、情人去世、竞选败北，但他没有放弃。1848年，他又一次竞选国会

第五章
你的热血是理想的另一种诠释

议员,但结果很遗憾,他又落选了。因为这次竞选他赔了一大笔钱。他申请当本州的土地官员,但州政府把他的申请退了回来,上面指出:"要成为本州的土地官员要求有卓越的才能和超常的智力,你的申请未能满足这些要求。"

然而,林肯没有服输。1854年,他竞选参议员,但失败了;两年后他竞选美国副总统提名,结果被对手击败;又过了两年,他再一次竞选参议员,还是失败了。

在林肯大半生的奋斗和进取中有9次失败,只有3次成功,而第3次成功就是他当选为美国的第十六任总统。

屡次的失败并没有动摇林肯坚定的信念,而是起到了激励和鞭策的作用。面对失败,林肯没有退却、没有逃跑,而是始终以充分的信心向命运挑战,所以迎来了辉煌的人生。

无论你在什么地方跌倒,你都要从跌倒的地方站起来,重新开始。不要因为某一个梦想未曾实现而放弃你所有的梦想;不要因为某一次努力曾经失败而放弃所有的努力;不要因为某一个朋友曾背叛你而怀疑一切友谊……在人生的道路上,总会有新的机会、新的友谊和新的力量在等待着你。有首歌唱得好:"心若在,梦就在,天地之间还有真爱;看成败,人生豪迈,只不过是从头再来。"跌倒了,爬起来! 要相信"精诚所至,金石为开",即使想哭,也要爬起来再哭。

生命中的一切事情,全靠我们的勇气,全靠我们对自己有信仰,全靠我们对自己有一个乐观的态度。唯有如此,方能成功。当我们被绊倒时,记得对自己说一声:跌倒怕什么,跌倒了就再爬起来!

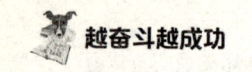

接受现实,挑战苦难

任何事情都可以逃避,但现实无法逃避。当苦难来到身边时,虽然没有人愿意接受,但它已经成为了现实,逃避无用。

面对苦难,必须采取积极的态度向它挑战。只有这样,才有战胜苦难的可能。一旦退缩,苦难就会像一座大山一样向你压过来,令人窒息。

人生不是一帆风顺的,每个人都可能会遇到风浪。有人说,人生就是一场战斗,如果一个人胆怯、懒散,害怕战斗,拒绝战斗,整日郁郁寡欢、不寻出路,那么这个人终归会在消沉中死去。

某处发生火灾,兄弟甲乙二人被消防人员从熊熊烈火中救出。虽然性命得以保全,但兄弟二人的烧伤程度非常严重,惨不忍睹。二人在医院经过治疗,身体渐渐恢复,最后平安出院。

手术让他们恢复了健康,却不能够帮他们消除烧伤的疤痕。兄弟二人常常受到外人的鄙视和嘲笑,但二人对待生活的态度却不一样。冷嘲热讽让甲对生活产生了绝望,他不想再活下去,于是将这

第五章
你的热血是理想的另一种诠释

条好不容易从死神手中夺回来的生命又轻易地还给了死神。乙则不一样,他对来之不易的生命异常珍惜,决定好好生活下去。他努力工作着,不断实现着自己的人生价值。

一次,乙经过河边,将一个轻生的人救了起来。这人并不甘心,他再次跳入河中,乙再次将他救起。乙给他讲了自己的经历,终于劝住了这个人。后来,乙才知道自己救起的这个人竟然是一个富翁。为了表示对乙的感激,富翁给乙投资,与乙合伙发展事业。经过多年的努力,乙挣到了足够的钱。他去了最先进的医院,将自己的面容整好了。

面临着同样的苦难,甲选择了逃避而以宝贵的生命作为代价,乙则用积极的生活态度迎来了生命中的第二个春天。

如果相信命运的存在,自己就可以去创造命运,每个人都是自己命运的主宰者。自己的人生是失败还是成功,自己的生活是丰富多彩的还是暗淡无色的,在很大程度上可以由自己去决定。尼采曾经这样说过:"那些受苦受难、孤寂无援、饱尝凌辱的人们,不要被妄自菲薄、自惭形秽压得抬不起头来,你们唯一所能依靠的就是自己。"

当苦难摆在眼前时,不要悲观,不要怨天尤人,否则只会使你在毫无所获的情况下浪费掉很多精力。此时,最为重要的是去除一切心理负担,冷静地观察周围的环境,分析将会遇到的种种情况,然后采取正确的策略从困境中挣脱出来。

命运是由自己来安排的,而不是由别人来主宰的,任何苦难都是一种生活状态。只要勇敢生存,不断努力,梦想之中的事情就会发生。任何时候都不要相信命运已定，而不再争取。厄运不是注定要跟随任何一个人的，每个人都可能会遇到厄运。厄运是可以摆脱、战胜的。所以，并非一切不幸都是漫长无期的，并非一切痛苦都是没有尽头的。只要不停止呼吸、不停止对生活的追求、不停止努力的脚步，就可以把命运掌握在自己手中。

几年前，一块手榴弹片嵌进了弗兰克斯少校的左腿，经医生诊断，截肢手术是难免的。

听到这个消息后，弗兰克斯痛苦不堪。因为这意味着退伍是他唯一的选择。尽管他觉得自己有很多东西依然可以贡献给部队，可是他也清楚地了解到受过重伤的军人很少能重回战场。

弗兰克斯在痛苦中出院了，望着自己曾经奔跑过的棒球场，他为自己不能继续在棒球场上一展雄姿而流下了热泪。

一天，弗兰克斯为了找回昔日的美好回忆，戴着假肢来到棒球场。在等候击球轮次时，弗兰克斯注意到一名队友滑进了第三垒。

他想：假如换作是我，会如何呢？轮到他击球时，他一棒把球击到了场中央。他挥手示意替他跑垒者让开，然后自己迈动僵硬的腿，痛苦地向前奔跑着。在第一垒和第二垒之间，他瞅见外场手将球抛向第二垒的守垒员。他闭上眼，使出全身的力气往前冲，一头滑进了第二垒。随着裁判的一声"安全入垒"，弗兰克斯开心地笑了。

几年后，弗兰克斯欲率领一个中队穿越恶劣的地形进行战地训练。可是，上司却用疑惑的眼神看着他那条假肢。弗兰克斯没有因上司的异样眼光而感到自卑，而是用实际行动赢得了肯定的回答。他说："每当我的假肢陷入泥泞时，我就叮咛自己：这便是你无腿可站时的情形。"

现在,弗兰克斯通过自己的艰苦努力已晋升为四星上将。他是这样总结自己的成功的:"我的遭遇让我认识到:困难不分大小,完全取决于你的态度。你用消极的情绪去迎接困难,即使困难再小也显得很大;你用积极的情绪去面对它,再大的困难也不算什么。当你走出过去的阴影时,才能发现原来自己并非一无所有,只是失去身体上一个小小的部分,还有许多其他的东西可以供你好好地生活。"

要想成就大业,就必须做到无论遇到什么磨难都不能低头,以坚忍面对。不过,在生活中,坚忍一次可以,坚忍一生却很难。这也是成功者仅有少数的原因之一。不过,要想成就一番事业,就必须要用坚忍面对每一次磨难。

当困难摆在面前时,在心中对自己说:"我能应付过去,一切都会好起来的。"挺一挺,挨过了寒冷的冬天,迎来的便是鲜花盛开的春天。

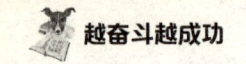

不要逃避现实,而是要解决问题

生活中,总是有这样一些人:丢了工作,便整天借酒浇愁;失恋了,便哀叹人间没有真爱;破产了,便认为自己没有能力东山再起。于是,他们便什么也不干,也打不起精神。有的人选择放弃,有的人干脆不珍惜生命,以为这样就能逃避一切。其实,活着就是幸福,逃避现实是不可取的,也是解决不了任何问题的。

英国小说家、剧作家柯鲁德·史密斯曾经这样说:"对于我们来说,最大的荣幸就是每个人都失败过,而且每当我们跌倒时都能爬起来。"对于一个有志之人,逆境、困难、艰苦的环境,正是磨炼自己的好机会。所谓"艰难困苦,玉汝于成"是也。孟子曰:"天将降大任于斯人也,必先苦其心志,劳其筋骨,饿其体肤,空乏其身,行拂乱其所为,所以动心忍性,曾益其所不能。"历史上一切身处逆境而终有成就的人,无不经过这样的艰苦磨炼。

无论在生活中还是在工作中,难免会遇到暂时的失败。如果害怕失败,将一事无成。只有在失败中,才能真正学到本领。若想成

第五章
你的热血是理想的另一种诠释

为强者,就应该记住:在失败中崛起。正是因为不断地经受磨难,人才能变得更加坚强。人们从失败的教训中学到的东西,要比从成功的经验中学到的还要多。

1981年,初中毕业的刘云霞在一家街道工厂工作。后来这家民办小厂越来越不景气,刘云霞不得不回家待业。承受着失业的痛苦而又初涉世事的她,仿佛是在风雨中迷路的孩子,一时间看不清前行的方向。刘云霞开始反省自己:别人留用并不是全靠后门,自己下岗实在是能力欠缺,贫乏的专业知识已经成为自己再就业的障碍。

经过一段思想折磨的刘云霞拟订了自学计划,她开始一步一个脚印地学财会、公关、计算机、汽车驾驶等知识。她认识到,命运总是为有头脑的人准备着。

下岗后的刘云霞正是用坚强不屈的意志战胜了困境,积极努力地用知识武装自己,靠学得的一技之长创造了成功的机会。经过一年多的时间,刘云霞已经完全摆脱了困境,开始了创业发展。

善于把握商机的刘云霞立即把目光投向了饮食业。经过一段时间的努力,她于1991年3月建立了沈阳陵东食品采购站,于1993年成立了亨通食品经销公司。

随着刘云霞致富的梦想一个个地变成了现实,她的目标也在不断调整。1994年初,她得知位于皇姑区华山路的一个商店要转卖,便以高价买了过来。

1994年3月,经过一番扩建装修,金运大酒店在鞭炮声中正式营业,刘云霞和员工热情地迎送着八方来客。管理酒店,不仅是一种尝试,更是一种挑战,刘云霞明白要想在商海中站稳脚跟,必须

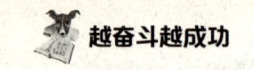

有一个高素质的员工队伍。对招聘来的员工进行岗位培训，她都亲自制订培训计划、编写教材、给员工授课。并且，刘云霞实行了以酒店为主体的电脑联网控制系统。顾客结算时用电脑把菜单价格打印出来，让顾客过目签字，服务员不可涂改。这样做既节省了时间，又提高了工作效率。顾客对这一举措十分满意。

十几年的时光在不断竞争中悄然逝去，吃尽酸甜苦辣的刘云霞所经营的亨通食品经销公司和金运大酒店已经拥有500名训练有素的员工队伍，营业面积由过去300平方米的规模发展到5000平方米，由过去起家的3000元发展到上千万元的固定资产，利润额年均百万元。

逃避现实解决不了任何问题，最明智的做法就是给自己勇气，正视现实。在生活中，存在着许多难题和压力，如果你不能勇敢地面对这一现实，而选择逃避，那么这些难题和压力就会把你越缠越紧、越缠越累。只有正视它们，用力量和智慧之剑去斩断它们，你才能走出恐惧的阴影，为自己开创一个新的局面。

无论什么样的失败，只要你跌倒后又爬起来，跌倒的教训就会成为有益的经验，帮助你取得未来的成功。在失败的废墟中崛起，不仅只有成功的摩天大厦，还应该有屡败屡战的意志家园，这才是狼的生存法则的真实体现。因此，只有在逆境中学会生存，我们的才华才不至于被消磨，反而会更加耀眼。正像巴尔扎克所说的："挫折就像一块石头，对于弱者来说是绊脚石，对于强者来说是垫脚石。"

勇敢地面对不幸，战胜怯懦

人的一生总是会经历许许多多的挫折与不幸。但在经历了同样的不幸后，有的人变得意志消沉，终日以泪洗面；有的人却能把不幸当作新的起点，奋起努力，从而改变了自己的命运。强者之所以以超然的心态对待不幸，是因为他明白，在面对巨大的打击和心理落差时，只有坚强才能战胜怯懦。当一个人的精神力量强大时，他就会战无不胜、攻无不克。

当今社会，我们并不缺少快乐和幸福。然而，当我们真正俯下身来寻找时却发现，散落满地的原来是一个个困惑着自己的难题和无法突破的障碍。我们甚至觉得，人生就是在逆境中寻找突破、追求理想和快乐的过程。面对那些折磨我们的事，我们需要拥有冲破逆境的聪明和智慧。

在人的一生中，成功和失败只是连接生命的纽带，它只是一种状态的结束、另一种状态的开始。人生不可能永远成功，成功只意味着一个阶段目标的实现、一种理想变成现实。在成败面前，接受

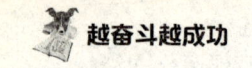

和改变的作用就是让人学会忍耐与坚强。

尤利乌斯是个生性乐观的画家,不过没人买他的画,因此他想起来这件事的时候会有点儿伤感,但片刻之后他就能够调整好。

他的朋友们对他说:"玩玩足球彩票吧,只花两块钱就可以赢很多钱。"

于是,尤利乌斯花两块钱买了一张彩票,并真的中了500万美元的头奖。

"你多走运啊!现在你还经常画画吗?"他的朋友羡慕道。

尤利乌斯笑着说:"我现在就只画支票上的数字。"

尤利乌斯买了一幢别墅并对它进行一番装饰。他很有品位,买了许多好东西:阿富汗地毯、维也纳柜橱、佛罗伦萨小桌、迈森瓷器,还有古老的威尼斯吊灯。

尤利乌斯很满足地坐了下来。他点燃一支香烟静静地享受他的幸福。突然他感到好孤单,便想去看看朋友。他把烟往地上一扔,在原来那个石头做的画室里他经常这样做,然后他就出去了。燃烧着的香烟躺在地上,躺在华丽的阿富汗地毯上,一个小时以后别墅变成一片火的海洋。它完全烧没了。

朋友们很快就知道了这个消息。他们都来安慰尤利乌斯:"尤利乌斯,真是不幸呀!"

"怎么不幸了?"他问。

"损失呀!尤利乌斯,你现在什么都没有了。"

"不过是损失了两块钱而已。"

在生活中,总是难免遭遇不幸,如果你抓住不幸不放,那么痛

第五章
你的热血是理想的另一种诠释

苦和消沉就会侵害你的灵魂。所以,我们应该敞开胸怀,以乐观的心态坦然地面对不幸。

不幸已经发生,损失已经造成,如果我们还对它紧紧抓住不放,就只会在错误的道路上越行越远。

这并不是主张人们对得失抱无所谓的态度,更不是鼓励人们不思进取,而是要提醒人们对得与失的看法不可绝对化。事实是,一次得到往往对个人附带着新的要求,很可能使原来潜藏的危机显露出来;一次丧失常常让你醒悟自身的缺陷,使较为合理与满足的生活更早到来。因此,一个人若能眼光长远一些、生活得理性一些,就会比较容易感到快乐。

决定一个人是否抵挡住失败的是心态。你的内心状况决定你是快乐、积极,还是悲观、消极。如果你不能坦然面对不幸,一切快乐的光芒便无法展现。只有保持积极乐观的态度,你才能真正获得人生的乐趣。

有一个叫黄美廉的女子,自小就患上了脑性麻痹症。这种病会让人肢体失去平衡,手足经常乱动,眼睐着,头仰着,嘴巴张着,口里含糊其辞,模样极为怪异。这样的人其实已失去了语言表达能力。

但黄美廉却凭着惊人的毅力完成了学业,并被美国著名的加州大学录取,后来她又获得了艺术博士学位。她靠手中的画笔,还有很好的听力,来抒发自己的情感。

在一次讲演会上,一个不懂世故的中学生竟然大胆地向她提出了这样的问题:"黄博士,你从小就长成这个样子,请问你怎么看你自己?"一语说完,全场默然,人们都暗暗责怪这个学生不懂事。但黄美廉却淡然一笑，然后在黑板上写下了这么几行字："一、我好可爱；二、我的腿很长很美；三、爸爸妈妈那么爱我；四、我会画画，我会写稿；五、我有一只可爱的猫……"最后，她以一句话作结论："我只看我所有的，不看我所没有的！"

黄美廉此举赢得了经久不息的掌声。她以自己的亲身经历，道出了走好人生路的真谛：人不可自卑，要接受和肯定自己。

接受自己就是不否认自我，不回避现实；肯定自己就是尽力发挥自己的优势，多看多想自己好的一面，就能增强信心、充满活力。

无论在什么时候发生了什么事情，你都要记住：厄运与幸运往往是交替出现的。当幸运来临时，固然要把握它，利用它；而当事情开始向坏的方面转化时，或者厄运当头的时候，就要当机立断地采取行动，将厄运的影响降到最小，并努力摆脱它所带来的阴影，让生命开始新的征程。

在生命之旅中我们须有这样的一种风度：失败和挫折，不过只是一个记忆，只是一个名词而已，不会增加生命的负重。带着伤痕把胜利的大旗插上成功的高地，在硝烟中露出自豪的笑容，才是人生的又一份精彩。大风可以吹落碎石，却永远吹不倒巍峨的大山。我们需要学会过滤自己的心情，善于给自己的心情放假。因此，要经常打扫心灵库房，把昨日的烦恼清扫出去，腾出更多的空间来存放今天的快乐。人生有时候就是活一种心情，心情质量也是生命的质量。

人生就如同登山，开始的时候路总是比较顺畅，而在不断行进的过程中，各种各样的艰难险阻会陆续来到你身边，阻碍你的行程。

第五章
你的热血是理想的另一种诠释

尤其是到了胜利在望、目标在前的时候,我们极有可能会更加激动,或者过于急躁,剩下几步路就会更加难走了。所谓行一百半九十,如果没有强烈的前进信念支撑着你,最终只能前功尽弃,难以登上成功的巅峰。

暂时的挫折并不可怕,只要不绝望,坚定信心,就完全可以把挫折当作走向成功的转机。顺境与逆境就像生活中的快乐与痛苦,不过就是漫长生活里一个个短暂的过程。人的一生中,没有谁会一条直线地走下去,坎坷与挫折也是人生旅途的风景,它的色彩是我们自己描上去的。它们才是幸福生活的奠基石。

第六章

从"心"开始,遇见未知的自己

坚持是一种强大有力的品格,是一种矢志不渝的信念。任何成功都需要坚持并付出努力才能获得。在完成一件艰巨的任务时,一定不要放弃,因为坚持的下一步可能就是成功!

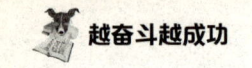

成功就差那么一小步

成功是没有捷径的，如果非要说有捷径的话，那么它唯一的捷径就是坚持到底。坚持到底是获得成功最简单、最有效的捷径。只要认准一个方向，你就收起所有的心思，一直往前走，不要回头，也不要左顾右盼，大胆地相信自己，你一定会走到目的地。

古时候，有两个人去挖井。第一个人非常聪明，他在选址的时候，挑了一个比较容易挖出水来的地方；相比之下，第二个人就比较愚笨，不知道根据地质来判定，随便选了一个地方，而这个地方是很难挖出水来的。

第一个人看到第二个人所选的地方，暗自嘲笑，心里便冒出一个想法，想占第二个人的便宜，于是虚情假意地说："我们来打个赌吧。比比看，谁先挖出水来谁就是赢家。输家要请赢家到附近最好的酒馆去喝酒。怎么样，敢不敢试一试？"

第二个人想了想，觉得打个赌挖起来更有动力，于是就答应了。

第一个人自认为必胜无疑，于是边干边玩，挖一天的井，要

第六章
从"心"开始，遇见未知的自己

休息两天。第二个人则很沉着，他一锹接一锹地挖，一天也不停歇。

第一个人看到第二个人挖到那么深还没出水，就嘲笑他说："我看你还是别白费力气了，你永远也挖不出水来的。"

第二个人没有理他，继续挖自己的井。

过了一段时间，第一个人开始对自己选的地方产生了怀疑："怎么挖了这么久，还没有水呢？我看还是再选个更浅的地方吧！"于是他重新选了一个更容易挖出水来的地方，并洋洋得意地说："这下保准能挖出水来。"可是没挖几天，他又开始怀疑了，怎么还不见水？是不是选错了地址？于是，他又换了一个地方挖。就这样，换来换去，他始终没有挖出水来，每次都是挖到距离水只有一尺的地方就放弃了。

再看第二个人，他挖的深度比第一个人所有的深度加起来还要深。最终，功夫不负有心人，他终于挖出水来了。

冰冻三尺，非一日之寒，挖井也是同样的道理。第一个人的确很聪明，每次选的地方都比上一次更容易挖出水来，但关键就是他没有坚持，如果他再努力多挖几下，肯定能挖出水来。

荀子说："骐骥一跃，不能十步；驽马十驾，功在不舍。"骏马虽然跑得很快，但是它跳一下，最多也不过在十步之内；相反，一匹劣质的马虽然不如骏马跑得快，但是如果它能坚持不懈地拉车走十天，同样可以走很远。

"水滴石穿，绳锯木断"，为什么轻柔的水滴能把石头滴穿，柔软的绳子能把粗硬的木头锯断？说透了，就是坚持。一滴水的力量是很微小的，然而只要一滴一滴坚持不断地撞击石头，那么最微小的力量也会积聚成巨大的力量，终会把石头滴穿的。成功之前难免有失败，然而只要能克服困难，坚持不懈地努力，那么成功就在眼前。

商纣王时期，昏君当道，很多有识之士冤死在狱中。

有一天，又有两个囚犯被关进了地牢里，他们是一对父子，据说是周武王的臣下。

儿子和很多囚犯一样，一进牢房就完全绝望了。因为进了这里，就等于下了地狱，没有一个犯人是能活着走出去的。

父亲安慰儿子不要灰心，总会有办法的，一定会有希望的。

有一天，父亲半夜被冻醒，隐隐约约听到有水流的声音。仔细一听，确实是水流的声音，白天之所以听不见是因为白天过于吵闹。这个重大的发现让父亲暗自窃喜，更让他震惊的是，就是在他们这间牢房下发出的声音。所以，如果从牢房的泥墙一直往外面打洞，就有机会逃出地牢。父亲按捺不住心中的喜悦，就把儿子叫醒，告诉了儿子这个惊人的发现。

儿子摇头道："这怎么可能呢？现在我们什么都没有，到处都有狱卒在查房，成功的几率差不多等于零。"

父亲鼓励儿子说："没有什么不可能的！与其坐在这里等死，还不如为自己争取一线生机。我们每天挖开一点，总有一天会挖出一条暗道出来。"

见父亲如此坚决，儿子就依了父亲。于是父子俩就在放风的时刻寻找一切可以用来挖土的工具。他们找来锋利的石头和木棍，幸

第六章
从"心"开始，遇见未知的自己

运的是还找到一根半截的长矛，从而增添了他们逃出去的信心和勇气。父亲还谎称有画画的习惯，向狱卒要来了笔和纸，画了一幅画，贴在洞口上以作掩饰。

白天，父子俩和其他的囚犯一样规规矩矩地待在囚房里。晚上，他们就开始了秘密行动。这个计划太危险了，父子俩轮流行动，一个人挖墙的时候，另一个人故意弄出很响的呼噜声。就这样，过了好几年。有时候，儿子都要坚持不住了，父亲总会鼓励他，为他描绘外面的美好生活。

十年后，父子俩终于打通了暗道。在一个风雨交加的夜晚，父子俩成功地逃出了监狱。之后，武王特地大摆宴席接待了这对父子。一年后，武王伐纣，父子俩立下了汗马功劳。

数十年如一日，这的确不是常人所能忍受的，但是"世上无难事，只怕有心人"，这句话在这对顽强的父子身上得到了最好的验证。

愚公移山、精卫填海的故事我们读过不止一遍，许许多多的故事告诉我们：不管做什么事，如果不坚持到底，半途而废，那么再简单的事情也会功亏一篑；相反，只要拥有坚持不懈的精神，再难办的事情也会有希望办成。

当然，并不是所有的坚持都会取得好结果。也有很多时候，我们做一件事，虽然尽了最大的努力，没有一丝一毫的松懈，但迎来的却仍是失败。这时，千万不要懊悔。因为只要努力去做好应做的事，只要尽了自己最大的努力，即使失败，我们也是强者。

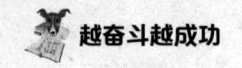

如果一个人能在行动中坚定不移、坚持不懈地克服一切困难和障碍,坚决完成既定的目标和任务,并且坚持到底,就一定能够取得成功。

第六章
从"心"开始，遇见未知的自己

用执着闯出一片天地

世界上没有不通的路。条条大道通罗马，无论你往东走，还是往西行，只要坚持走下去，都可以到达目的地。相信自己能够成功，往往就能成功。成功的决心往往就是成功本身。但是，很多人会问："走到悬崖绝壁怎么办？"其实，即使走到悬崖绝壁，也没有什么了不起。既然有崖，必定有谷，悬崖绝壁挡住了路，迂回一下总还是可以过去的。

许多人做事，起初都能够付诸行动。但是，随着时间的推移、难度的增加以及气力的耗费，便开始从思想上松懈并产生畏难情绪，接着便停滞不前以至退避三舍，最后放弃了努力。

一个人想闯出自己的事业，就要坚持下去，这样才能取得成功。人天生就有一种难以摆脱的惰性，所以无论干什么事常常会浅尝辄止、半途而废。当他在前进的道路上遇到障碍和挫折时，便会灰心丧气，畏缩不前。这也和走路行进一样，大多数人都愿意走平坦的下坡路，而不喜欢走艰难的上坡路。这也是人之所以常常见了困难

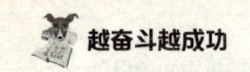

绕着走的深层原因。

亨利·毕克斯·特恩出生在威斯特麦兰郡的克拜伦德尔地区，他的父亲是一个小有名气的外科医生。亨利一开始对自己的职业并没有什么新的打算，只是准备继承父业。在爱丁堡求学期间，他对医学研究专心致志，从不动摇，周围的人都很佩服他的坚韧刻苦。他回到家乡，积极从事实践活动。

随着时间的变化，他对这门职业渐渐地失去了兴趣，对眼前小镇的闭塞与落后也日益不满。这时，他对生理学发生了兴趣，并有了自己的思考，十分渴望进一步提高自己。

父亲完全赞成亨利的愿望，于是把他送到了剑桥大学，让他在这个世界闻名的大学里进一步深造。不幸的是，过分用功严重地损害了他的身体。为了恢复健康，作为一个医生，他接受了一项职务——去当一位旅行医生。在此期间，他掌握了意大利语，并对意大利文学产生了浓厚的兴趣，对医学的兴趣反而越来越淡。很快，他就放弃了医学，决心攻读其他学科的学位。经过一段时间的努力，他成了当年剑桥大学数学学位考试一等及格者。

毕业之后，他未能如愿进入军界，只得进入律师界。但作为一名刚刚毕业的学生，他进了内殿法学协会，拿出以往学习的劲头，刻苦地钻研法律。他在给他父亲的信中写道："每一个人都对我说'你一定会成功——以你这非凡的毅力'。尽管我不明白将来会是什么样子，但有一点我敢相信：只要我用心去干一件事，我是决不会失败的。"

28岁那年，他被招聘进入律师界，但生活的道路要靠自己去开辟。这时他经济十分拮据，主要靠朋友们的捐赠过日子。他潜心研

第六章
从"心"开始，遇见未知的自己

究等待了多年，但还是没有生意。日子一天比一天难熬，他不得不在各方面省吃俭用，不要说娱乐，就是连最必需的衣服、食物他都已紧缩到不能再紧缩的地步。他写信给家里，承认他自己也不知道还能再坚持多久，他自己都怀疑能否等到开业的机会。

3年时间一晃而过，他苦苦等待却仍然没有结果。"律师这碗饭不是那么好吃的"，他写信告诉自己的朋友们，他再也不能成为别人的负担了。他想放弃这里的一切回到剑桥去，在那里他相信自己能找到谋生的办法。家人和朋友给他寄来了一小笔款，鼓励他不要灰心。亨利又挺了一段日子，生意终于慢慢来了。他在办一些小案子时表现很好，很守信用。于是他的工作渐渐有了起色，人们开始把一些大宗案子交给他办。

亨利从不放过任何一个提高自己的机会。几年之后，他不仅不需要家里的帮助，而且还可以还一些旧债。最后乌云终于散去，好运光临头顶，他终于成了一位声名显赫的主事官。

人能不能闯出自己的事业，关键就是看在困难面前能不能坚持，坚持下去就是胜利，半途而废则前功尽弃。那些具有非凡毅力、顽强意志的人，凭着自己不屈不挠的执着追求，一定会闯出属于自己的成功之路。

王永庆最初做米店生意，后来他成立了台湾塑胶工业股份有限公司。公司创立之初，一个化工专家预言王永庆难逃破产的命运。但王永庆并不放弃，仍义无反顾地走自己认准的路。不幸的是事态的发展似乎应验了那个预言：一个又一个难关横在他的面前，台塑公司生产出来的聚氯乙烯在市场上竟无人问津。原来，这是对台湾

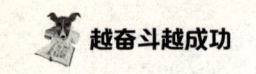

石化塑料工业发展估计过快所致。面对这种困境，一些股东心灰意冷，纷纷退股，台塑刚建不久就陷入绝境。这时王永庆并没有退缩，他决心迎接命运的挑战。通过调查分析，他发现产品之所以卖不出去是因为缺乏竞争力，价钱过高，并不是市场出现饱和。

于是，他作出决定，卖掉了自己所有的产业，买下了台塑所有股权，并决定独自经营。他重新规划发展蓝图，决定采取两项措施背水一战：第一项措施是为提高竞价能力，同时为保证产品质量，他投资70万美元更新设备。出乎意料的是他所采取的措施不仅没减产而且产量大增，产品质量提高了，售价却降低了。第二项措施是开发塑胶加工工业，兴建工厂，利用台塑的聚氯乙烯为原料加工制造各种塑胶产品，这不仅能够消化台塑的产品，而且还可以用塑胶成品赚取更多的利润。

由于采取上述两项措施，王永庆摆脱了困境，打开了市场，使企业起死回生，成为世界上最大的塑胶企业。他被称为"世界塑胶大王"，成为世界上最富有的人之一。

许多人之所以没有收获，主要原因就是在最需要下大力气、花大工夫、毫不懈怠地坚持下去时，他们却停止了努力，千里之行弃于脚下，成功从此与他们无缘了。

任何一个成功都是经过艰苦卓绝的努力和冲破失败的阴影才能获得的。所以，在完成一件艰巨工作的时候，面对困难，一定不要轻言放弃。不放弃，就能面对追求过程中更多的磨难；不放弃，就能让人看见在风中游舞的春光；不放弃，就有希望把握住每个今天。

第六章
从"心"开始,遇见未知的自己

涓滴之水终可穿石

大家一定会注意到在庙宇或者年代比较久远的房檐下,地面上的石块通常都有一个个的小坑,那都是从房檐上滴下的水留下的痕迹。乐圣贝多芬对这一点看得很清楚:"涓滴之水终可磨损大石,不是由于它力量最强大,而是由于昼夜不舍地滴坠。"

水是世上最柔软的东西,却能够在坚硬的石头上留下痕迹,不仅是因为水滴积年累月连续不断地滴,更重要的是,这些水滴都是坚持滴在一个地方——"石穿"是水滴连续不断地滴于一点的结果。如果不是这样,恐怕柔弱的水滴永远都不可能穿石。同样,在我们为远大的理想而奋斗的过程中,也要有一个明确的目标,决不能见异思迁。

其实所谓的"专一",即专注,就是集中精力、全神贯注、专心致志。可以说,人们熟悉这个词就像熟悉自己的名字一样。然而,熟悉并不等于理解。从更深刻的含义上讲,专注乃是一种精神、一种境界。"把每一件事做到最好""咬定青山不放松,不达目的不罢

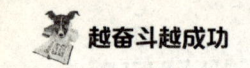

休",就是这种精神和境界的反映。

一个专注的人,往往能够把自己的时间、精力和智慧凝聚到所要干的事情上,从而最大限度地发挥积极性、主动性和创造性,努力实现自己的目标。特别是在遭受挫折、遇到诱惑的时候,他们能够不为所动、勇往直前,直到最后成功。与此相反,一个人如果心浮气躁、朝三暮四,就不可能集中自己的时间、精力和智慧,干什么事情都只能是虎头蛇尾、半途而废。缺乏专注的精神,即使立下凌云壮志,也决不会有所收获。

一天,小猫和猫妈妈一起去钓鱼。小猫看见蝴蝶飞来了,它就去抓蝴蝶;看见蜻蜓飞来了,它又去抓蜻蜓。结果,它什么都没有抓到,鱼也没有钓到。猫妈妈就说:"做事情要一心一意地做。你一会儿抓蝴蝶,一会儿抓蜻蜓,怎么能钓到鱼呢?"小猫听了妈妈的话,就专心钓起鱼来。

一会儿,蝴蝶飞来了,蜻蜓飞来了,但小猫学着猫妈妈的样子专心钓鱼,再也不分心了。不久,小猫就钓到了一条大鱼。

在现实生活中,很多人之所以失败就是因为没有瞄准一个点,持之以恒地走下去。而成功者则往往是瞄准了这个点,并坚持走到了最后。这个点有时是一个稍纵即逝的机遇,有时是从脑中一闪而过的灵感,有时是恶劣环境中长期形成的生活积累。是的,只要瞄准一个点就能敲开成功的大门,哪怕力量微小,只要坚持,就一定能够到达胜利的彼岸。

有一天,一个老太太在报上看到一条消息:园艺所重金悬赏纯白金盏花。老人想:金盏花,除了金黄色,就是棕色,哪有白色的?

第六章
从"心"开始，遇见未知的自己

不可思议。不过，我为什么不试试呢？她对8个儿女讲了她的想法，但遭到大家的一致反对。大家说："你根本不懂种子遗传学，专家不能完成的事，你这么大年纪了，怎么可能？"

老太太决心一个人干下去，她撒下了金盏花的种子，精心侍弄。金盏花开了，全是金黄色的。老太太挑选了一朵颜色比较淡的花，任其自然生长，以取得最好的种子。第二年她又把它们栽种下去，然后再从花朵中挑选颜色浅淡的种子栽种……一年又一年，春种秋收，循环往复，老太太从不沮丧，一直坚持着。

一晃20年过去了。有一天早晨，她来到花园，看到一朵金盏花开得特别灿烂。它不是近于白色，也不是像白色，而是如银似雪的纯白。她包好这纯白金盏花的种子，寄给了那家20年前悬赏的机构，她甚至不知道那则启事是否还有效。

等待的时间长达一年，因为人们要用那些种子验证。终于，园艺所所长打电话给老太太说："我们看到了你种的花，它的确是雪白的。因为年代久远，资金不能兑现，你还有什么要求吗？"老太太对着听筒小声说："只想问一问，你们可还要黑色的金盏花？我能种出来……"黑色的金盏花至今还没有种出来，因为老太太不久就去世了。

无数的例子都向我们证明了"盯住一点"是成功的要点，也是成才的起点。"专心"方可"致志"。从青少年开始，立志学做一事，学会了、做熟了，有了一门专长，就能凭一技之长从事特定职业，为大众服务，换取个人生存的衣食住行。如果把这份职业上的事坚

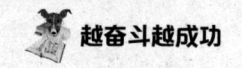

持做下去，做专了、精通了，就是这个行业的专家；再坚持把这个行业的事做久了、做强了、做大了，对社会有独特的贡献，在历史上留下光辉的一页，这就是成功的事业。

第六章
从"心"开始,遇见未知的自己

锲而不舍,才能创造奇迹

锲而不舍的毅力是冲破人生难关的动力,是人生制胜的法宝。毅力是个人对自己行为和冲动的自我控制能力。高毅力的人能够集中精神,排除万难,最终达成目标。

上校哈兰·桑德斯眼睁睁地看着一条新建的跨州高速公路,在离他的饭馆7里外的地方通过,一脸的无奈。他知道,他在肯塔基州的这家饭馆,会因为新建的公路而失去许多客人。没有稳定的客源,他将很难把生意支撑下去。

66岁的上校并不是个轻易认输的人,他靠着一张烹制炸鸡的神秘菜谱和不懈的毅力扭转了乾坤。意想不到的中途转轨,造就了后来庞大的肯德基帝国。

桑德斯落魄后,终日冥思苦想,琢磨怎样摆脱困境,突然想起他曾经把炸鸡做法卖给另一个州的一位饭店老板。这个老板干得不错,所以又有几个饭店老板也买了桑德斯的炸鸡调料,他们每卖1只鸡,付给桑德斯5美分。绝望之中的桑德斯想,也许还有人也愿

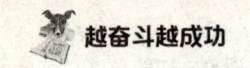

意这样做。

于是，桑德斯带着一个压力锅，一个50磅的调料桶，开着他的福特汽车上路了。身穿白色西装，打着黑色蝴蝶结，一身南方绅士打扮的白发上校停在每一家饭店门口兜售炸鸡秘方，要求给老板和店员表演炸鸡。如果他们喜欢炸鸡，就卖给他们特许权，提供材料，并教他们炸制方法。

饭店老板都觉得听这个怪老头胡诌简直是浪费时间。桑德斯的宣传工作做得很艰难。头两年，他拜访了600多家饭店，只有很少几个饭店老板把炸鸡加进自己的菜单。然而，他坚持着做下去，终于取得了突破，从此，他的业务像滚雪球般越滚越大，已经有200家饭馆购买了特许经营权。70岁的桑德斯被要同他合作的人团团包围，要买特许权的餐馆代表蜂拥而至。桑德斯又建起了学校，让这些餐馆老板到肯德基来学习怎样经营特许炸鸡店。

一身南方绅士打扮的上校烹制肯德基炸鸡的形象，吸引了众多记者和电视节目主持人。没有多久，桑德斯修剪整齐的白胡子和黑边眼镜就成为全国知晓的标记。桑德斯经常开玩笑说："我的微笑就是最好的商标。"

他这个活广告的效果奇佳，以至于在桑德斯售出了全部专有权之后，这些权益的新主人还付给他一笔终身工资——请他继续担任肯德基炸鸡的代言人，广泛进行宣传。就在他辞世前不久，每年还要做长达70多天的旅行，四处推销肯德基炸鸡。

桑德斯的实践证明，不仅可以在晚年开拓一项新的事业，而且还可以创建一个非常成功的产业。肯德基炸鸡现在已经在近百个国

第六章
从"心"开始,遇见未知的自己

家开设了上万个连锁店。

如果桑德斯当初没有相信自己产品的信心,没有行动到底的毅力,今天的"肯德基炸鸡"恐怕早已失传了。通往成功的道路往往是充满荆棘、坎坷不平的,会有许多障碍险阻。毅力是理想实现的桥梁,是驶往成功的渡船,是攀上成功的阶梯。没有毅力的人,要想铲除挫败,无疑是异想天开。

一名大学青年教师,不善言辞。他有一个习惯:手里随时握着一支铅笔头,兴之所至,会将所思所想随手记下来。从他的办公室、家里到实验室,到处都有他"信手涂鸦"的杰作。他曾被认为是全校"最不讲究的人"。

进校第10年,他40岁,此时他完成了一个很重要的设想,这是他10年"涂鸦"的结晶。当他将设想课题提交给学校之后,却遭到了无情的嘲弄。大伙儿都说那是他铅笔头"涂鸦"出来的异端邪说,毫无研究价值可言。学校不支持,他多年的心血泡汤了。

他不甘心,决定不改初衷,又用了10年的时光,克服种种困难,完成了课题的初步测试,并将测试成果递交到美国国立研究院。起初,研究院对他的测试成果很感兴趣,但到学校调查,得知他铅笔头"涂鸦"的故事后,立刻对其人其事失去了信任。他20年的心血,因为一支小小的铅笔头,又一次付之东流。

但是,他没有气馁。通过多年细致入微的研究,他越来越清楚自己研究成果的价值,他自筹资金对实验成果进行了进一步完善。4年后,他再次向国立研究院递交了已经成型的报告。这次,研究院不仅批复了,还就"铅笔头"事件向他表达了歉意。他的科研成果

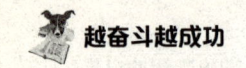

很快应用于实践。

2007年,这项研究成果被应用于"基因靶向治疗技术"。这位已是年届七旬的老人,因此获得了当年的诺贝尔生理学奖。他就是美国科学家马里奥·卡佩奇。

从他被嘲笑、不被理解和支持,到他不甘心、不气馁再到他的成果被"批复",并用于实践,为此获得"诺贝尔奖",这一过程花去了他近乎半生的精力,历经种种挫折,他却从未放弃过。

放弃意味着你甘心弃权,不再有任何奢望和梦想,这必然导致你走向失败。永不放弃就要一次一次地尝试,如果你使用的方法不能达到目的,那就尝试其他方法。如果新的方法仍然行不通,再尝试另外一种方法,直到你找到解决问题的方法为止。

第六章
从"心"开始，遇见未知的自己

有一股子执着的"牛劲"

如果有人认真得"太过分""太执着"，一旦较起真来，根本不给别人留面子，一旦想做什么事，"十匹马也拉不回来"，人们会说，这个人太"牛劲"。可是，成功者往往靠的就是这么点"牛劲"。有些时候，人也确实需要有这么点"牛劲"。

20世纪中国制造的柴油机，噪音在很远的地方都听得见，柴油机周围数平方米内都是油迹；德国人生产的柴油机则可以放在办公室的地毯上工作，也丝毫不会影响隔壁房间的人办公。于是，上海长江柴油机厂在1984年聘请退休的德国机械专家乔治任厂长。

乔治上任后开的第一个会议，上海市有关部门领导也列席了。没有任何客套话，乔治一发言便直奔主题："如果说质量是产品的生命，那么，清洁度就是气缸的质量及寿命的关键。"说着，他当着有关方面领导的面，从摆放在会议桌上的气缸里抓出一大把铁砂，脸色铁青地说："这个气缸是我在开会前到生产车间随机抽检的样品。请大家看看，我都从它里面抓出来些什么？在我们德国，气缸杂质不能高于50毫克。我所了解的数据是，贵厂生产的气缸平均杂质竟然在5000毫克左右。试想，能够随手抓得出一把铁砂的气缸，怎么可能杂质不超标？我认为这绝不是工艺技术方面的问题，而是生产者和管理者的责任心问题，是工作极不认真的结果。"一番话，把坐在会议室里的有关管理人员说得坐立不安，尴尬至极。

两年后，乔治因种种原因卸职时，长江柴油机厂生产的气缸杂质已经下降到平均100毫克左右。

后来，乔治有几次来中国，每次都要到长江柴油机厂。在厂里，他有时拿着磁头检查，发现气缸里有未清除干净的铁粉时，会忘了自己已经不是厂长，仍然生气地向周围陪同的人大声咆哮："你们怎么能这么不认真！"

由此可以看出，德国人办事是很认真的，钉是钉，铆是铆，一切讲规矩。日耳曼民族的认真严谨一向是举世闻名的，这种认真劲头，也直接造就了德国先进的工业体系。所以，德国的奔驰、宝马、劳斯莱斯、奥迪等一溜烟开进中国，我们在啧啧赞叹之余，是否会有更深的触动呢？

如果有人反对认真，他肯定会把认真和呆板、严谨、缺少灵活性联系在一起。然而，认真绝不是呆板。认真，是对原则的忠诚与坚持。如果一个人不能将自己认为正确的事情坚持到底，他还能干成什么呢？

我国台湾著名人类学家李亦园，曾经是某大学二年级历史系的学生。由于家中并不富裕，他求学的学费全部来自学校的奖学金。在大二升大三那年，他向学校提出申请，想要转到考古人类学系。

第六章
从"心"开始,遇见未知的自己

不过,由于考古人类学系才创系两年,他即使转系成功,顶多也只能从大二读起。偏偏学校规定,留级者不得享受奖学金。

面对转与不转的两难问题,李亦园选择了转系,同时向学校据理力争,他认为自己并非成绩不佳才留级,为什么不能领取奖学金?

"人类学不但谋生不易,而且还要行走各地做调研,很辛苦的。你是不是再考虑一下?"校长问。

"我早已考虑过,我一定要读人类学系。"李亦园回答。

看着李亦园坚定而认真的神情,校长终于批准了他的申请,同时给予他奖学金。李亦园不负校长的厚望,一心一意地钻研人类学几十年,收获颇丰,著有《信仰与文化》等书,并担任研究院的研究员。现今他取得的一切成就,都源于年轻时坚定的意志和对目标全力以赴的执着。

李亦园这种不达目的不罢休的执着精神,可称得上"牛劲"十足。当然,这也是对"认真"二字最好的解读。当一个人心无旁骛地全力做一件事情,那就是认真的开始。

美国著名的航天业、娱乐业巨子,霍华德·休斯,是一个"狂人"。他在11岁时就会组装收音机,13岁就能拼装出一部摩托车,14岁时已经上了第一堂飞行课。童年时的他,满怀理想地宣称:自己将是全世界最优秀的飞行员、最了不起的电影制片人和最有钱的富翁。于是,年轻而没有任何经验的他,揣着自己的巨额遗产开始了冒险的寻梦之旅。

他的执着让身边的人充满了怀疑。竞争对手越是嘲笑他,他就

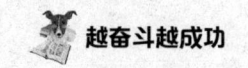

越是钻牛角尖。在电影界,他投资了世界上最贵的电影,花了4年时间去拍一部《地狱天使》。终于,这部电影最后使他成为炙手可热的娱乐界新贵。后来,他发明了当时最快的飞机,设计制造了世界上第一颗同步通讯卫星,并一举独霸航空市场,成为著名的休斯航天与通讯公司的创始人。三样理想,他都一一实现了!

我们所面对的工作,比起那些杰出人士来可谓轻松得多,也容易得多。如果从一开始我们就下定决心,一定要出色地完成工作,绝不半途而废,有了这个决心,我们就会全身心地投入到工作中,所干的工作就是自己个性的体现。我们的产品会有非常旺盛的需求,我们也不必为职业而烦恼,因为我们的内心是充实的,我们的意志是坚定的。就是靠这么点"牛劲",我们会觉得自己的意志和体能都在增长。自然,不久的将来,我们必能取得事业上的新进展。

第六章
从"心"开始,遇见未知的自己

凡事都不可半途而废

办事时,一般最艰难的时刻,是最令人难以忍受的,但也是最接近成功的时候。只要你不半途而废,不断总结失败的教训,成功很快就会到来。正如伟大的科学家诺贝尔所说:"坚忍不拔的勇气,是实现目标的过程中所不可缺少的条件。"

亨利是一家大公司的老板,他对人很友善,从不发脾气,看见有人工作没做好,他会说:"没关系,别灰心,再坚持一下,准能成功。"说完还拍拍对方的肩膀。他这种做法很得人心,也很受大家的欢迎。

一天,新产品开发部经理向亨利汇报:"董事长,真对不起,这次试验又失败了。这已经是第23次了,要不我们放弃吧。"经理眉头紧锁,一副无可奈何的样子。

"年轻人,别着急,坐下。"亨利微笑着说,"你遇到难题了吗?有时候事情就是这样,你屡干屡败,眼看没有希望了,但坚持一下,没准儿就能成功。我们要有不达目的誓不罢休的勇气,你说对吗?"

"董事长,我觉得我已经尽力了。而且,这么长时间光做这个研究,也没精力开展新项目。眼看就到年底了,开发部还没有一点成绩,我也觉得过意不去,您看……要不,您是不是换个人?"经理的声音有些沙哑,眼里甚至有着悲哀的神情闪过。

"我让你做这个项目,我就相信你能搞成功。不要泄气,来,我给你讲个故事,然后你再决定是否坚持下去。"

亨利眯着眼睛开始讲了起来:"我31岁那年,发明了一种新型节能灯,这在当时可引起了不小的轰动。但我没钱,要将其投入到生产中,还需要一大笔资金。我好不容易说服了一个银行家,他答应给我投资。但是,如果这个新型节能灯一投放到市场,就会影响其他灯具的销路,所以会有人暗中阻挠我成功。可谁也没想到,就在我要与银行家签约的时候,我突然得了胆囊炎,住进了医院,大夫说必须做手术,否则就有生命危险。那些灯厂的人知道我得病的消息就在报纸上大造舆论,说我得的是绝症,骗取他人的钱来治病。如此一来,那位银行家也半信半疑,甚至想放弃投资。更为严重的是,还有一家机构也在加紧研制这种节能灯,如果他们抢在我前头,一切就都完了!当时我躺在病床上万分焦急,没有办法,只能铤而走险,先不做手术,仍如期与那位银行家见面。见面的那天,我让医生给我打了镇痛药。开始时,一切正常,我和银行家谈笑风生。但时间一长,药劲过去了,我的肚子跟刀割一样疼。可我咬紧牙关,继续和银行家周旋,希望能说服他下定决心给我投资。我心里只剩下一个念头:再坚持一下,成功与失败就在于能不能挺住这一会儿。病痛终于在我强大的意志力下低头了,在银行家面前,我一点破绽也没露出,完全取得了他的信任,最后我们终于签了约。此后,我更明白了坚持对于成功的重要性,我就靠着不成功绝不罢休的勇气一步步走到现在。"亨利一口气将故事讲完,微笑地看着经理。

经理听完后若有所悟,便转身走了出去。

有些时候,也许只是少了那么一点点的坚持,成功才会擦肩而过。常言道:"坚持就是胜利。"人贵有坚持到底的毅力和勇气。请记住:坚持一下,再坚持一下,我们就能走出困境,取得成功。

每一个成功的人都知道,取得成功并不是一个简单的过程,它需要你用无比坚强的意志,不断地挑战人生,坚持到底,才能采摘到胜利的果实。就像诺贝尔一样,如果他不是一直坚持,不畏艰辛地走下去,他能取得人生巨大的成就吗?

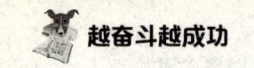

方向正确，就要坚持下去

生活当中，经常会出现自己的想法、做法不被人理解的时候，许多人因此而苦恼，从而使情绪受到了很大影响。成功者只要认定了方向，就会一直坚持下去！

安全套和大白菜是风马牛不相及的两种东西，泰国的米猜把它们联系在一起，目的是传达给人们一种思维习惯，让人们提起安全套就像提起大白菜一样平常。

有一次，米猜的妈妈开着车带小米猜外出，遇到红灯，米猜的妈妈把汽车停了下来。这时，一位农妇挑着两筐水果摇摇晃晃地从人行横道上穿过马路。可能是因为筐子太重，等到绿灯亮起来的时候，那位农妇还在人行横道上慢慢地向前走着。当米猜的妈妈还在耐心地等待时，其他司机却不耐烦地按起了汽车的喇叭，还有的司机把汽车从她的身边开过去。米猜的妈妈对这种行为感到十分震惊，她说，如果连这些受过教育的有钱人都不愿意帮助那位老妇人的话，又有谁会去帮助她呢？这句话一直印在幼小的米猜的心里。

第六章
从"心"开始,遇见未知的自己

大学毕业后,米猜参加了社会调查工作。经过深入调查后得出的结论显示,泰国农村还十分贫穷,而造成贫穷的一个十分重要的原因就在于无节制地生育使泰国人口增长过快。为了改变这种状态,首先就要从最基础的知识开始,纠正传统的生育观念,实施深入而广泛的社会教育,使正确的生育观与科学的避孕方法得到普及。

后来,米猜建立了一个非营利性机构,这个机构的工作就是向广大民众宣传使用安全套,以此来达到控制人口的目的。当时人们不仅不愿意说"安全套"这个词,还有很多人连听都不愿意听,看到是宣传使用安全套的活动,转身就离开了。这个活动开展起来遇到了很多困难。

即便如此,米猜也并没有停止他的工作。经过多年的努力,宣传工作遍布泰国各地,取得了非常好的宣传效果,人们逐渐接受了使用安全套。有一段时间,艾滋病在泰国传播,给人民的生活带来影响,而且还会给人民的生命安全带来威胁。米猜的机构又发起了一个名叫"百分之百使用安全套"的运动,安全套的百分之百使用对预防艾滋病的传染起到了非常重要的作用。

在泰国,人们将米猜称为"安全套大王""安全套议员",也有人直接把安全套称为"米猜"。现在,米猜的宣传已经深入人心,遍布泰国各地。

米猜在创业之初岂止是不被理解,而且经常遭人白眼和谩骂。但是,他坚持下来了,并且取得了成功。

某医院一位年轻护士到国外参观学习回来后深有感触地说:"他们的护士在护理脑出血、脑栓塞病人的时候,并不是去喂他们吃饭,而是让病人用还不能自如运动的手自己去吃饭。护士只是在一边鼓励病人,并且帮助病人化解烦躁的情绪。吃过饭之后,护士需要做的工作就很多了,她要帮助病人把脸和手重新洗一遍,病人吃饭时弄脏的床单、被褥、衣裤全部都要换上干净的。实际工作量要比给病人喂饭增加了很多。可是,这样做非常有助于病人的康复。"

她将这种方法在她的工作中进行尝试,有些病人和家属非常理解,但有的时候她却因此招来了谩骂:"我们在这儿住院花了护理费,你就得伺候。连喂饭也不管,懒死你!"事实上,她因此付出的工作更多。

在她这种被人称为"懒"的护理下,许多病人都是自己练习去吃饭,自己去动手,因而病人的四肢活动能力也恢复得极快。虽然病人一批一批地更换,但她"懒"的工作方式却保留了下来。新入院的病人和家属见其他病人都是这么做的,谩骂的现象也就很少出现了。

只要你的方向是对的,就要坚持下去,暂时不被人理解,其实很快就会过去。不能忍耐孤独的人,永远都不会成功。

第七章

生命因一句忠告而变得美丽

在人的一生中,能够自身把握的事不外乎两件:一件是做人,一件是做事。的确,做人之难,难于从躁动的情绪和欲望中稳定心态;成事之难,难于从纷乱的矛盾和利益的交织中理出头绪。最能促进自己、发展自己和成就自己的人生之道便是听从忠告,学会做人、做事的方式。

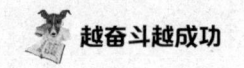

积蓄美德，让自己更有魅力

积蓄美德，是修身之根本。纵观那些成大事者，他们没有金钱，没有家世背景，却能够在社会上立足，事业有成，究竟是什么原因呢？在很大程度上，这得益于美德的力量。

个人德行修养水平的高低与他自身的荣辱是密切相关的，一个人无论处于什么样的地位，扮演着什么样的角色，都要加强自身的修养。在言行举止上都要谨慎，不可鲁莽，如此才能有所成就，才能成为受尊敬的人。

后汉时期有名的义士陈重，是一个非常大度而且能自我牺牲的人。有一次陈重同宿舍的人回家，误将邻舍人的裤子带走了，裤子的主人怀疑是陈重拿的，陈重没有分辩一声就买了条新裤子送给那人。传说陈重一生中做了许多这样的事。他的一个同事负债累累，有一天债主前来要债，陈重就不声不响地帮他还清了，而且事后闭口不谈此事。可见他替人还一条裤子已经不算什么大事。

问题在于：你明明没偷，人们却怀疑你偷，这在面子和人格上

第七章
生命因一句忠告而变得美丽

就说不过去,更何况陈重不但默认了,顶着小偷的帽子不说,还要诚心诚意地破财替人赔偿,是不是太窝囊了呢?其实不是,他暂时牺牲了名誉,破了点钱财,消除了邻居的怨气,换来的是平安和永久的信任,因为误会总有解除的时候。

以德立身贯穿于每个人人生的全过程,是一个人做人最根本的原则。每个人都应该从自身做起,提高自己的修养,积蓄自己的美德,为取得进步打下更好的基础。

叶圣陶是我国知名的编辑家、作家和教育家,但是他却告诉记者:"如果有人问起我的职业,我就告诉他:第一是编辑,第二是教员。"

臧克家同志曾经谈过他对于叶老的印象:"叶老为人敦厚诚朴,对人彬彬有礼,真是蔼蔼然长者之风。去拜望他,说到他的好处,他总是温和而含笑地高声说:'不敢当!不敢当!'辞别时,他一定亲自下楼相送,近十度的一鞠躬。这不能做客套看,这是叶老先生的作风。"然而,在斗争中这位蔼蔼然的长者却成了一位勇猛的战士。

1946年,他奋起投身于民主运动之中。同年7月,《文汇报》副刊《读者的话》因发表两封上海市警察的投诉而被罚令停刊一星期。叶圣陶立即致函该刊主编柯灵,建议:"文汇停刊期满之日,弟以为出一特刊,至少两版,专载读者投函……文字内容宜抒实感,宜就最具体方面言之,不做空洞之呼号。"果然,复刊第一天,《读者的话》整版发表慰问信,另有一整版,转载上海与外地中外报刊对这件事的评论。

作为一个编辑家,他最为人称道的,是在文坛上奖掖后进。他在编辑工作中,严格执行择优采用的原则,即使不是知名的作者,只要作品优秀,他们的作品也总是会被放在最显著的位置。因此,他在商务印书馆任编辑期间,发现并培养了一批作家。丁玲,就是他在主编《小说月报》时发现的。丁玲的第一篇小说《梦珂》,被排在头版;第二篇小说《莎菲女士日记》,又被排在头版;接着,第三篇《暑假中》、第四篇《阿毛姑娘》仍然是头版。这不仅鼓舞了一位向着文学高峰起步攀登的年轻姑娘,也引起文坛上的普遍注目。在连续发表了这四篇小说以后,叶圣陶又给丁玲写信,说可以出本集子。于是叶圣陶帮助丁玲向开明书店联系,出版了丁玲的第一个短篇集《在黑暗中》。就这样,一位文坛上的新秀被提拔上来了。

巴金的成名也与叶圣陶的发现分不开。1928年,巴金在巴黎把他的第一部中篇小说《灭亡》抄在五本练习本上,转投到《小说月报》。叶圣陶一看,便为他写了内容预告,并将其作品在《小说月报》上连载。24岁的巴金,从此便踏上成名之途。

叶圣陶体现了一个优秀人士应该具备的德行。我们应该注意要以德立身,永远不要成为人们心目中的"次品"。意大利诗人但丁说:"一个知识缺乏的人,可以用道德去弥补,而一个道德不全的人却难以用知识去弥补。"不难看出,做一个有道德的人,是做人的基本准则,懂得了这个准则,一个人才能站在道德的立场上真心对待他人。

有德行的人会让人尊重,令人心生愉悦;有德行的人说话有分寸,不会粗俗无礼;有德行的人端庄大方,不会做作轻浮;有德行的人会真心赞美他人，而不会嫉妒他人。在人生的不同阶段，道德对人的要求虽有着不同的变化，每个人体验和经历的内容也不一样，但"以德立身"的人生支柱是不变的，它对每个人的人生大厦起着支撑作用的定律也是不变的。

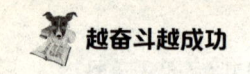

诚信使人迈向成功

孔子说"民无信不立";孟子说"言而有信,人无信而不交";墨子云"言不信者,行不果"。古代的先贤们都强调了诚信的重要性。诚信就是诚实、守信,它是做人的根本,是一个人不可缺少的道德品质,是一个人修身必备的素养。

季札是春秋时代吴国人,因为他诚实守信,又博学多才,所以深受人们的敬重。

有一次,季札奉命出使列国。途经徐国时,他受到了徐国国君徐君的热情款待。两人一见如故,谈得十分投机。

谈话中,季札发现徐君的目光不时地瞄几眼自己佩带的宝剑,就解下宝剑,让徐君仔细观看。季札佩带的宝剑的确是一把好剑,它的剑鞘由金玉镶嵌而成,宝剑上雕刻有栩栩如生的龙凤图案。当季札将宝剑从剑鞘中抽出来时,只见寒光闪闪。徐君不由得连称:"好剑!好剑!真是一把好剑!"

季札见徐君这么喜欢这把宝剑,很想把剑送给徐君作为纪念。

第七章
生命因一句忠告而变得美丽

但这是自己作为国家使节的信物,自然不能轻易送给别人。徐君当然知道季札的难处,所以也就没有向季札开口要宝剑。几天之后,季札离开了徐国。临行前,徐君送给了季札许多宝物,算是留作纪念。季札非常感激,在心里默默地说:"徐君,等我出使完成了使命,再路过这儿的时候,我就将这把宝剑送给你。"

过了一阵子,季札出使归来,又来到了徐国。还没来得及休息,他就着急去见徐君。然而,他没有见到徐君,因为徐君已经在不久前离开了人世。

季札感到非常痛苦,来到郊外徐君的墓地,含泪站在坟前,用低缓的声音说:"徐君,我来迟了,请您收下这份迟到的礼物吧!"说完,他解下宝剑,把它悬挂在徐君墓前的松树上。季札的随从,对季札的行为有些不解,说道:"徐君已经死了,您为什么还要将这把宝剑挂在这儿呢?"

季札对他说:"我在心里早已许下诺言,等再次回到这里时就将这把宝剑赠给徐君。如今徐君虽然离开了人世,但我必须要信守诺言。"

季札挂剑的事情传开之后,人们都非常敬佩他诚实守信的品德。

有诚信的人会让人觉得有亲和力、可靠,人人都会被这样的人所吸引,人人都会敬重他的为人。守信之德,具有巨大的人格魅力,古今中外很多人物坚持这种操守,塑造了自身的良好形象。清代顾炎武曾说:"生来一诺比黄金,哪肯风尘负此心。"表达了自己坚守信用的处世态度和内在品格。

在很久之前的一个国家里,有一位贤明、深得民心的国王。这个国王的年纪很大了,但是他没自己的孩子,王位无人继承。为了这件事情,老国王伤透了脑筋。有一天,老国王突发奇想,昭告天下说:"我要亲自在国内挑选一名诚实的孩子做我的义子。"他将许多花的种子,分给了每一个孩子,还说:"谁能用自己手中的种子培育出最美丽的花朵,那么这个孩子将来就能继承我的王位。"

孩子们得到种子之后就回家了。在大人的帮助下,他们悉心地浇水、施肥、松土,期望自己培育出的花是最美丽的。

然而,有一个叫雄日的小男孩却闷闷不乐,这是怎么回事呢?原来,他也用心培育花种,可是十天半个月过去了,种子还是没有发芽。他便去问母亲有没有好方法。母亲也非常关注此事,建议儿子把花盆里的土换一换。雄日照做了,可是过了几天,种子还是没有发芽。

到了献花的那一天,其他的孩子都捧着一盆盆美丽的鲜花站在街头,等待国王观看。只有雄日一个人站在不起眼的位置,捧着一个没有鲜花的花盆。国王沿街环视花朵,从孩子们面前走过,不过他的脸上并没有露出喜悦之色。

忽然,老国王看到了正在流泪的雄日,便把他叫到自己跟前,问道:"你为什么捧着一个空花盆呢?"雄日把培育花种的过程跟老国王详细地说了一遍,并说这可能是报应,因为他在别人的果园里偷摘过一个苹果。国王听了雄日的回答,心里非常高兴,拉着雄日的手,当场宣布:"他就是我忠实的儿子,将来的王位继承人。"

其他的孩子都不服气,就问国王:"我们培育出的鲜花都很美丽,为什么偏偏选一个捧着空花盆的孩子呢?"

第七章
生命因一句忠告而变得美丽

国王回答说:"因为我发给你们的花种都是煮熟了的,根本就无法发芽,更不用说开花了。"听了国王的这句话,那些捧着最美丽花朵的孩子个个面红耳赤,因为他们播种的是别的花种子。而诚实的雄日,理所当然地成为了国王的继承人。

诚实的人总是以真实的一面出现在世人面前,不管面对什么人,也不管什么时候,所以诚实的人总能赢得普遍的信任。诚信无论是在古代还是现代都是非常重要的,每个人都应该继承这笔宝贵的精神财富和优良的传统。

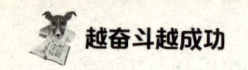

做人要谦虚

谦虚是中华民族的传统美德,影响了中国几千年,至今依然具有永恒的魅力。我国古人说:"满招损,谦受益。"意思是骄傲自满招致损害,谦虚虚心得到益处。外国也有句名言:"真正的学者就像田野上的麦穗,麦穗空瘪的时候,它总是长得很挺,高傲地昂着头;麦穗饱满而成熟的时候,它总是表现出温顺的样子,低垂着脑袋。"事实上,无论古今中外,那些真正有成就的人,他们身上都闪现着谦虚的光辉。

据说柳公权年少的时候,就练得一手好字,在全村的同龄小伙伴之中算是最好的了。正因为如此,他经常受到老师的夸奖以及伙伴们的羡慕。柳公权心里非常得意,他对伙伴们说:"这不算什么,等过几年,我的书法一定是全天下最好的。"

有一次,柳公权跟小伙伴们举行书法比赛,他很快就写好了。有一位老者正好路过这里,就走过来看他们写字。老者见柳公权写的是"会写飞凤家,敢在人前夸",觉得他太骄傲了,于是皱了皱眉,

第七章
生命因一句忠告而变得美丽

说道:"这字写得并不好,软塌塌的,没筋没骨、有形无体的,还值得在人前夸耀吗?有人用脚都比你写得好。你要是不信,就去华京城里看看去吧!"

第二天,柳公权一大早就独自去了华京城。他来到一棵大槐树下,挤进人群,只见一个没有双臂的老头儿背靠槐树,赤着双脚坐在地上,左脚压纸,右脚夹笔,正在挥洒自如地写字。他的每一笔都刚劲有力,每一个字都龙飞凤舞,围观的人都叫好。

此时,柳公权才知道自己的字根本就不值得一提,跟眼前这个人相比差得太远了。

他感到非常惭愧,走到老人面前,"扑通"一声跪下,说:"我愿意拜您为师,请您告诉我写字的秘诀。"

老人放下脚中的笔,对柳公权说:"我是个孤苦的人,生来没手,只得靠脚混生活,怎么能为人师表呢?"小公权苦苦哀求,老人才在纸上写下几个字:"写尽八缸水,砚染涝池黑;博取百家长,始得龙凤飞。"老人对公权说:"这就是我写字的秘诀。"

柳公权牢牢地记着老人的教诲,再也不骄傲,而是开始发奋练字,终于成为著名的书法家。

谦虚的人通常在待人接物时能温和有礼、尊重他人、平易近人,善于倾听他人的意见和建议,同时也能虚心求教,取长补短。谦虚谨慎是成功人士必备的品格,具有这种品格的人,对待自己有自知之明,在成绩面前不居功自傲;在缺点和错误面前不文过饰非,能主动采取措施进行改正。

梅兰芳是中国戏曲艺术的伟大代表之一，也是一位谦虚有德的艺术家。他就是靠着虚心好学，一点一滴地积累文化底蕴，最终成为中国戏曲界的"艺术大师"。梅兰芳曾经向多位名师学习。如，他向秦稚芬、胡二庚学花旦戏，向陈德霖学习昆曲旦角，向乔蕙兰、李寿山、陈嘉梁、孟崇如、屠星之、谢昆泉等人学习昆曲，向茹莱卿学习武功，向路三宝学习刀马旦，向钱金福学小生戏。在跟这些名师学习的过程中，梅兰芳广泛汲取中国戏曲艺术的精华，尤其在很多传统剧目的演出中，他更是虚心听取意见，以新鲜的理解去填补艺术空白。

有一次，梅兰芳在一家大戏院演出京剧《杀惜》，演到精彩处，场内喝彩声不绝。这时，从戏院里传来一位老人平静的喊声："不好！不好！"梅兰芳闻声望去，看到了一位穿着很普通的老人。戏刚刚落幕，梅兰芳就用专车把这位老先生接到自己的住处，对他非常恭敬。

梅兰芳对他说："说我孬者，吾师也。先生言我不好，必有高见，定请赐教，学生决心亡羊补牢。"老者见梅兰芳如此谦恭有礼，便认真指出："阎惜姣上楼与下楼之步，按'梨园'规定，应是上七下八，博士为何八上八下？"梅兰芳一听，恍然大悟，深感自己疏漏，低头便拜，称谢不止。以后每一次演出，梅兰芳都要请这位老先生观看并指正自己的不足，称他"老师"。

一个人要努力修养成满而不盈、实而不骄的谦谦君子。学会谦虚做人，就是不好为人师，不耻下问，不争强好胜，不锋芒毕露；学会谦虚做人，就是用平和的心态来看世界。拥有此种心境，才能不骄不狂，善始善终。

　　谦虚是一种品格，一种风度，一种修养，只有始终保持谦虚的美德、谦虚的态度、谦让的行为，才能终生受益，提升自己的人格魅力。

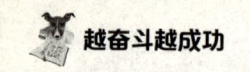

能容人处且容人

宽容是海纳百川的大度与包容,是一种人生的智慧与豁达。宽容的人会受到人们的尊重与关心,会受到朋友的信任和拥护。做人宽容是一种素质,一种情操,一种美德。它像一支火把,燃亮了前进的方向,引领我们走向成功的殿堂。

孔子的学生子贡问孔子:"老师,有没有一个字,可以作为终身奉行的原则呢?"孔子回答说:"那大概就是'恕'吧!"

恕,用今天的话来讲就是宽容。宽容待人是一种美德,是一种思想修养,也是人生的真谛。你能容人,别人才能容你,这是生活的辩证法则。人世间真正的智者,其心胸宽如海洋,能包容世间的一切。人世间也有很多心胸狭窄、目光短浅的人,但真能做成大事业、有大成就的人,都有宽阔的胸襟和容人的雅量。

每个人都是一个社会人,是不可能不与其他人交往的。在与人相处时,也会不时遇到他人对自己利益的侵犯,如果不是大的原则问题,不妨一笑了之,应该表现出大家的风范。

第七章
生命因一句忠告而变得美丽

于右任是我国著名书法家。在20世纪50年代，很多饭店、商铺都喜欢挂起名为于右任题写的招牌，以招揽顾客。但其中真的是于右任写的招牌极少，大多都是赝品。

一天，一个学生找到于右任，对他说："老师，我今天见一家小饭店居然挂起了以您的名义写的招牌，水平很差，明显是欺世盗名。您说可气不可气！"于右任说："哦？"学生叫苦说："也不知道他们在哪里找来的写手，字写得歪歪扭扭的，难看死了。居然还签上您的大名，连我看着都觉得害臊！"

"这可不好！"于右任说，"你说的那家饭店叫什么名字，主要是卖什么东西？"

"是一家很小的饭店，饭店虽小，做的饭菜倒干净地道，铺子的名字叫'羊肉泡馍馆'。"

于右任沉默不语。

"我去把招牌摘下来吧！"学生说完就准备出去，但被于右任叫住了。

于右任从书旁拿出一张宣纸，提起毛笔，酝酿了一下，刷刷地在纸上写下几个大字，交给学生说："你去把这个东西给店老板吧！"

学生接过来一看，不由得惊呆了，只见纸上是龙飞凤舞、酣畅淋漓的几个大字"羊肉泡馍馆"，落款处则是"于右任题"，并盖上了私章。

"老师，您这是？"学生大惑不解。

"呵呵……"于右任笑道，"这冒名顶替固然可恨，但毕竟说明人家瞧得起我于某的字。只是不知真假的人看到了那张惨不忍睹

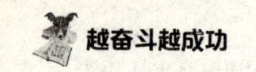

的招牌，若真以为我写的字那么差，那我不就亏了嘛！所以，还是麻烦你跑一趟，把那张假的换下来吧！"

"啊！我明白了。"学生拿着于右任的题字匆匆去了。

就这样，这家羊肉泡馍馆的老板居然以一张假的招牌换来了当代大书法家的墨宝，喜出望外之余，不由得惭愧之至。

人非圣贤，孰能无过。对他人的小过如果能以大度相待，实际上就是一种低调做人的态度。古往今来，成大业者必有过人的心胸，战国时期的楚庄王，绝缨得猛士，终被猛士唐狡舍命相救。正是庄王过人的心胸，才得到唐狡赴汤蹈火、死而后已的回报。可见，容人之过、谅人之短的心胸何其重要。

从前有两个人，一个叫提罗，一个叫那赖。他们立志要有所成就，于是远离人群，到深山老林里修道。

经过长期的修行，他们学会了很高的本领。

一天夜里，提罗由于长时间诵经感到十分疲乏，先睡了。当时那赖还没有睡，一不小心踩了提罗的头，使他疼痛难忍。

提罗大怒道："谁踩了我的头，明天清早太阳升起一竿子高的时候，他的头就会破为七块！"

那赖一听，也十分恼怒地叫道："是我误踩了你，你干什么发那么重的咒呢？器物放在一起，还有相碰的时候，何况人和人相处，哪能永远没有个闪失呢？你说明天日出时，我的头就要裂成七块，那好，我就偏不让太阳出来，你看着好了！"

那赖施了法术，第二天太阳果然没有升起来。五天过去了，太阳仍然没有出现，全国各地处在一片漆黑之中。无论是国王、大臣，

第七章
生命因一句忠告而变得美丽

还是老百姓，都觉得一定是发生了什么可怕的事情，但谁也不知道这到底是怎么回事。人人胆战心惊，全国陷入恐慌之中。

国王请来僧人，请教他们该怎么办。其中有一个人有未卜先知的本领。他掐指一算，明白是怎么回事了，连忙报告国王说："这是由于山里两个得道的修道人发生了一些小摩擦，所以压住太阳，不让它升上天空。"

国王着急地问："有什么办法可以使他们停止争吵呢？"

僧人建议道："请大王立即率领全国百姓，不分男女老少、职位高低，到那两位修道人的地方去，请求他们和解。"

国王听从僧人的建议，立即派人飞驰各地，传达命令。很快，老百姓及文武官员都集合好了。国王率领着这支长长的队伍，高举着火把进到山里，找到了那两位修道人。

国王先见到那赖，立刻跪下叩头说："圣者啊！国家富饶，人民生活安定，这都是托了你们的福！而现在两位不和，都是我不好，与老百姓没有关系。请您设法消除老百姓的恐惧，使他们重新安居乐业吧！"

这时，那赖已经认识到自己赌气造成的后果，说："陛下！要是提罗愿意和解，我就立刻把太阳放出来。"

国王又去提罗那里，请求他与那赖和好，让百姓免除忧虑。可是提罗已发出的咒语是收不回来的。聪明的国王对那赖说："你在头上涂满泥，然后把太阳放出来。"

那赖照办，放出了太阳，灿烂的阳光照耀着大地山河，一切是那么明亮、温暖。就在这时，那赖头上的泥壳被太阳炙烤，破得七

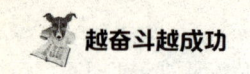

零八落，那赖本人则安然无恙。

两个修道人和好如初，共同帮助国王治理国家，全国老百姓都安居乐业了。

幸运的是，事情最终能够得到圆满的解决——两位修道人和好如初，人们重见光明，安居乐业。但更多的时候，因怒火而起的麻烦并不会都能如此轻易化解。因此，人们无论对人对事，都应心平气和、冷静理智地对待，而不要轻易动怒，做出对自己对别人都不利的事情来。

情绪总是能够轻而易举地控制人们，而且在很多时候，人们无法注意到自己已经被情绪控制了。这时候，不管是语言方面还是行为方面，人们都会伤害自己，同时也会伤害别人。

凡事皆有度，气大则伤身。抛开烦恼，别跟自己较劲，开诚心，布大度，再苦也要笑一笑，灭却心头火，顺其自然，适度释放怒气，操纵好情绪的"转换器"，别把精力虚耗在憎恨上，克服怨天尤人的坏习惯。凡事要有包容的心态，包容一切事物，杜绝一切恼怒，给别人以宽恕，换自我之幸福。

第七章
生命因一句忠告而变得美丽

要低调，不要咄咄逼人

低调做人是每个希望自己成功的人必备的修养，这种修养需要我们在生活的过程中自己领悟。成功的智者懂得藏锋露拙，待时而动，自己的才华与锋芒平时都含而不露，当需要时，适时地显露自己的才华，成就一番大事；在成功后懂得激流勇退，舍得功名利禄。所谓"花要半开，酒要半醉"，当你志得意满时，切不可趾高气扬、目空一切、不可一世，要战胜盲目骄傲自大的病态心理，凡事不要太张狂、太咄咄逼人，让才华含而不露，适可而止，有所节制，在有效地保护自我后，又能充分发挥自己的才华。这是做人的一条重要原则。

在生活中我们不难发现，那些口若悬河、好出风头、心中藏不住半点秘密的人非常浅薄，时间长了也令人反感乃至厌恶。相反，那些看来口齿笨拙或者总是隐藏自己才干的人，却往往成竹在胸、计谋过人，更容易成功。过去说"宰相肚里能撑船"，是说大人有大量，这大量也包括深藏不露，胸中自有百万雄兵，能藏得住秘密，

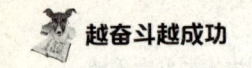

不轻易显山露水。

　　小溪的流淌不在乎是否有鲜花相伴，大海的磅礴不在乎是否有海鸥相随，不是所有的存在都可以以高贵示人，不是所有的生活都可以以高调展现。没有喝彩的生活固然没有太多的虚荣让自己满足，但平静而安然的状态又何尝不是我们幸福生存所需的境界？生活不是要让我们张扬自己的存在，而是要让我们的存在确实具有它该有的意义。理解了这一点，才会在高标准要求自己的同时，低调对待周围的一切，我们才会在委屈自己的同时获得更大的生存空间。

　　有一位现已年逾七旬的低调"穷人"。他自己开车，衣服总是穿破为止；最喜欢的运动不是高尔夫，而是桥牌；最喜欢吃的不是鱼子酱，而是玉米花。人们常爱谈论豪宅，他住的是在1957年用3.1万美元买下的纳布拉斯加州的屋子。

　　60多年来，他一直住在奥马哈的这一幢房子里。灰色粉刷的外墙无形中也反映出他处事的态度——非常低调。有趣的是，他所居住的地区还被当地政府列为"有损市容"的地方。在香港出差的时候，他还用宾馆赠的优惠券。他对财富有自己的理解，他认为财富来自社会，早晚还应当回报社会。他告诫儿女不要期望在他身后获得巨额遗赠，因为他不想让他们坐享其成，更不想让他们毁于财富。2006年，他将自己财富的一半以上，约300亿美元捐给了比尔·盖茨及其妻子建立的"比尔与梅琳达·盖茨基金会"。

　　如今大多数时间里，他深居简出，躲在奥马哈的家中，除了家人，连个助手都没有。他的车牌上还标着"节俭"的字样。他的佣

第七章
生命因一句忠告而变得美丽

人,两周才来一次。他创办的公司之一是在凯特威广场第14层的伯克希尔公司,尽管公司富得流油,但全体人员仅有11人,这里没有诸如门卫、司机、顾问、律师之类的职位。

他就是身价400多亿美元的世界第二富豪沃伦·巴菲特。低调做人,高调做事,正是沃伦·巴菲特成功之所在。

在现实社会中,也许我们已经小有成就,但不要忘记提醒自己,自己还只是一个普通人,自己的成就在这个人才济济的社会根本就不算什么。只有我们认识到这一点,才可以使自己获得进步、获得成长,否则,我们很容易让自己的事业毁于一旦。

所以,无论你有怎样出众的才智,也一定要谨记:一半多于全部。在大多数情况下,才不可露尽,力不可使尽。即若有知识,也应适当保留,这样,你会加倍地完善。永远保存一些应变的能力,适时救助比全力以赴更值得珍贵。深谋远虑的人总能有效地保护自己,稳妥地驾驭航船,从而更稳妥地走向成功。

18世纪美国最伟大的科学家富兰克林是一位著名的政治家和文学家。他的一生无论是在自然科学方面,还是社会科学方面,都有极高的建树,被人称为"美国之父"、资本主义精神最完美的代表、科学的丰碑。他是最有权利说自己是一个"伟人"的人。然而在他死后,这个伟大的人却在自己的墓碑上刻着"印刷工富兰克林"。

富兰克林都能如此评价自己,那么,我们又有什么理由不让自己低调一点呢?我们应该知道,如果自己是一个很了不起的人,即使自己不去标榜自己,别人也不会忘记我们的伟大;如果我们一无所成，即使自己怎么说自己有多伟大，也不会博得他人的赞赏。而且，在生活中，我们很容易发现那些有思想、有成就的人从来都不会高调示人，他们很清楚"山外有山，人外有人"的道理，这是他们睿智有修养的体现。所以，当你决定要更好地生存时，就应该先学会低调做人，让自己有用于人的同时，保持谦恭豁达的姿态。

低调做人，就是当一个人的成就发展到巅峰时，应保持清醒的头脑，克服浮躁，居安思危，自我警觉，更应该具有一颗防人之心，所谓"明枪易躲，暗箭难防"。如果到处张扬就容易招致妒忌，有损于实力。因此，低调是保存自己的实力、积累自己的底蕴。低调可以使自己没有高高在上的感觉，可以保护自己、融入人群，与人和谐相处，在不显山不露水中成就了自己的事业。低调是一种成功者的大智慧、大境界。

我们所说的低调不是在任何条件下都需要的低调，也不是毫无要求的低调。一个人要在社会中生存，一味地低调只会让自己失去更好的机会，该出手时，就一定要把握机会，做到不鸣则已、一鸣惊人；再者，就是要对自己要求高一点，不要只满足于仅有的一点成就而沾沾自喜。要知道这个世界是一个充满竞争的世界，你随时随地都会面临着被淘汰的潜在危机。而避免这种危机唯一有效的方式就是努力走在别人前面，在别人还没有意识到危险来临的时候将自己送到安全地带。不要被动地等待社会的判决，比别人快一步就意味着你比别人更幸运地抓住了救命的稻草。

这就是对"高标做人，低调生活"最好的解释。因此，高标做

第七章
生命因一句忠告而变得美丽

人应该是我们对自己的要求,是生存所需的主观条件;低调生活则是我们对待生活的客观态度,是为人处世必备的生存智慧。我们只有在"高标"的同时做到了"低调",才可能让自己获得良好的生存条件。

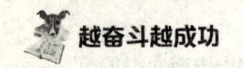

脚踏实地,切莫好高骛远

美国飞机设计家道格拉斯曾这样说:"当设计图纸的重量等于飞机时,飞机就能飞行了。"这句话告诉我们的道理就是,做事要踏实、要付出、要努力,踏实会让人厚积薄发,给予人梦想中的成功。

每一幢房屋的修建,都离不开地基。没有地基的房屋,建得越高,危险越大。在摇摇欲坠的过程中,不知道哪一天就会轰然倒塌。人生也是如此,也需要打好基础,才能走得沉稳。就像房屋需要打下坚实的地基一样,不管你从事什么行业,踏实走好每一步,都是在为自己的梦想打下夯实的"地基"。

许巍的一首《浮躁》,唱出了多少人心里的真实感受。在当今时代,我们每个人都梦想自己能展翅高飞、出人头地,最大化地实现自己的人生价值。也正因为如此,太多的人显得过于浮躁。我们忘了,达到目标的基础,恰恰是脚踏实地、一步一个脚印地走来。

有一个年轻人,毕业于名牌大学,应聘进一家公司工作时,正好公司出现变故,一些老职员集体跳槽。这个年轻人自告奋勇要担

第七章
生命因一句忠告而变得美丽

任策划部经理,他觉得自己有能力力挽狂澜。老总一时束手无策,加上他吹嘘得很厉害,把自己的能力夸到无限大,也只好暂时接受了他的请求,聘任他为策划部经理。

年轻人开始梦想着用自己非凡的才能,在公司独当一面,创造丰富的利润,同时也能实现自己的价值,然后他从此将在事业上平步青云。

但是他高估了自己的能力,没有从底层一步一步走过来的经历,没有积累必要的经验,面对客户的要求,他轻易承诺下来,草率地签了合同,却找不到得力的助手协助他一起完成。谈判、策划、设计等一系列的事搞得他焦头烂额。后来任务完成得非常糟,用老总的话来说,就一个字——"烂"。合同到期,客户看到这样的作品,宣称要和他们打官司,否则就让他们赔钱。

本来公司就处在危机中,他这一举动无疑让公司雪上加霜,气得老总叫他立马"走人"。然后,老总想办法把原来的老职员招回来,重新把公司推到正轨上去,才挽救了公司。

这个年轻人这才明白,好高骛远、急功近利是很难真正把事情做好的。他的第一份职业是经理,可这份职业却成了他最具讽刺的"经历"。

"每当我想往高处飞翔总感到太多的重量,远方是一个什么概念如今我已不再想,在每一次冲动背后总有几分凄凉……"在职场上,可能每个人都想升职,成为人上人。但很多人不是好高骛远,就是不择手段。然而,社会往往会用残酷的现实来告诉我们,靠这样的方式很难得到真正的成功,就是成功了,也会昙花一现。

查理·贝尔出生于一个贫困的家庭，15岁的时候，他去了一家店里打工。15岁对于每个人来说，都是懵懂的年龄。但是，15岁也是一个懂事的年龄，已经开始明白"理想"是何物，已经有了自己对未来模糊的憧憬。查理·贝尔也不是没有理想，但当时他的处境让他考虑的不是发展，也不是为自己设计多么辉煌的未来，他只是想有一份工作，挣钱生活。

他的第一份工作是打扫厕所。虽然又脏又累，但贝尔对待工作很认真，把自己的分内工作做完后，他还做其他的杂事，比如擦地板、给其他正式员工打下手等。

贝尔的勤奋和踏实，让他的老板看在眼里。没过多久，老板让他签了员工培训协议，让他进行一次正规的职业培训。培训结束后，老板又让他在店内各个岗位进行锻炼。贝尔经过几年的锻炼，很快获得了生产、服务、管理等一系列工作经验。19岁时，他就被提升为店面经理。

贝尔不但踏实地学习、工作，而且还常常用心研究业务和顾客的消费规律。他总和员工们一道亲自去做站台服务、接待顾客之类的小事。在他担任澳大利亚分公司副总裁期间，他把公司的连锁店从388家扩展到683家。

贝尔后来的路走得越来越顺，27岁成了公司澳大利亚分公司的副总裁，29岁成为公司董事会成员……43岁，他成为总公司的总裁兼首席执行官。

你知道理查·贝尔供职的是哪家公司吗？它就是众所周知、我们经常触目可及的大名鼎鼎的快餐连锁店麦当劳。贝尔是知名餐饮

第七章
生命因一句忠告而变得美丽

业中唯一一个亲自站柜台的董事长，他从最底层一步步地走上去，最终晋升为知名公司的最高层领导人。踏实做人，他是一个典范。

这就是踏实带给贝尔的最大成就。如果一开始他就很浮躁，或是急于求成，也许将不会再有后来的那个查理·贝尔了。也许在那个年龄的他，意识到踏踏实实地走好每一步，会带给自己丰厚的回报。所以他坚持了这种工作作风，并且坚持了一生。

有些人总是有很高的梦想，他们不屑于眼前的这些小事。旁人在他们眼中，也大多是一群庸庸碌碌之辈，谈不上有什么共同语言。但在最初交往时，人们往往会被他们表面的雄心壮志所迷惑，老板也会认为他们是难得的栋梁之才。事实上，他们眼高手低，大部分时间都沉浸在自己宏伟的梦想中，却不懂得从低点起步，用实际行动来证明自己。长此以往，他们不能也不会做出什么成就，曾经的雄心壮志难免会变成同事们茶余饭后的玩笑。除非他们幡然悔悟，奋起直追，否则，他们往往是慢慢沉沦，或者跳槽到其他公司去继续发牢骚。即使这样，同样的悲剧也难免再次上演。

吴欣毕业于某大学外语系，她一心想进入大型的外资企业，最后却不得不到一家成立不到半年的小公司"栖身"。心高气傲的吴欣根本没把这家小公司放在眼里，她想利用试用期"骑马找马"。

在吴欣看来，这里的一切都不顺眼——不修边幅的老板，不完善的管理制度，土里土气的同事……自己梦想中的工作可完全不是这么回事。于是，她开始每天抱怨："整理文档？这样的小事怎么让我这个外语系的高材生做呢？""这么简单的文件必须得我翻译吗？""就一篇小报告而已，为什么自己不写非要我帮忙呢？"除了不停歇的牢骚，吴欣对于自己的工作也常常是能拖则拖、能躲就躲，因为这些"芝麻绿豆的小事"根本就不在她思考的范围之内，她梦想中的工作应该是一言定千金的那种。

试用期很快过去了，老板认真地对她说："我们认为，你确实是个人才，但你似乎并不喜欢在我们这种小公司里工作，因此对手边的工作敷衍了事。既然如此，我们也没有理由挽留你。对不起，请另谋高就吧！"

被辞退的吴欣这才清醒过来，当初自己应聘到这家公司也是费了不少力气的，而且，就眼前的就业形势，再找一份像这样的工作也是不容易的。初次踏入职场就以"翻船"而告终，这让吴欣万分失望与后悔，可这一切都为时已晚了。

有些员工则不同，他们也有很高的梦想，但他们不会每天都深陷于幻想中难以自拔，他们会制订好切实可行的计划，从现在的工作开始做起，从一点一滴的小事做起，并毫不松懈地坚持下去。他们知道除非是努力把事情做成，否则什么也不会发生。就这样，他们一步步地默默努力着。即使原本起点很低，但一天一点进步，就会慢慢缩短与目标的差距。终于有一天，他们晋升成为公司的骨干，所有人都不禁会大吃一惊，但仔细回想，这一切其实纯属正常，毕竟天助自助者。梦想对于他们，已经变成了活生生的现实。

当人们抱着过高的目标接触现实环境时，感到处处不如意、事事不顺心，于是就整天地抱怨。其实在做事时，你首先要做的是根据现实环境调整自己的期望值，即使你给自己定位很高，但做起事来不妨把自己放低一点，做好上级交给的各种任务，甚至主动完成额外工作。

　　做人要脚踏实地，一步一个脚印，这样才能走出坚定的步伐。千万不要好高骛远，给自己定下不切实际的目标，这样只会浪费生命！

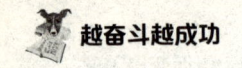

细节决定成败

古英格兰有一首著名的歌谣:"少了一枚铁钉,掉了一只马掌;掉了一只马掌,丢了一匹战马;丢了一匹战马,败了一场战役;败了一场战役,丢了一个国家。"这是发生在英国查理三世身上的故事。查理准备与里奇蒙德决一死战,查理让一个马夫去给自己的战马钉马掌。铁匠钉到第四个马掌时,差一个钉子,铁匠便偷偷敷衍了事。不久,查理和对方交上了火,大战中忽然一只马掌掉了,国王被掀翻在地,王国随之易主。

百分之一的错误导致了百分之百的失败,一钉损一马,一马失社稷,你是否听到一个远去的王朝在风中的悲鸣?细节决定成败,每一处细节都十分伟大。

小章和小陈同时应聘进了一家中外合资公司。这家公司待遇优厚,个人发展空间也很大。他们都很珍惜这份工作,拼命努力以确保顺利通过试用期,因为公司规定的淘汰比例是 2∶1,也就是说,他们中必定有一个人会在三个月后被淘汰出局。

第七章
生命因一句忠告而变得美丽

小章和小陈都咬着牙卖力地工作，上班从来不迟到，下班后还要经常加班，有时候还帮着后勤人员打扫卫生、分发报纸……

部门经理是一个和蔼可亲的人，他经常去两个人的单身宿舍和他们交流、沟通，这使他们受宠若惊。所以他们特别注意个人卫生，都把各自的宿舍整理得干干净净。

三个月后，小章被留了下来，小陈悄无声息地走了。

半年后，小章被提升为部门主管，和经理的关系也亲近了起来，便问经理当初他和小陈表现几乎一样，为什么留下来的是他而不是小陈。经理说："当时从你们中选拔一个是很难的。你们工作上不分高低，同事关系也很融洽，能力也都不弱，而且都非常有上进心。所以我就常去你们宿舍串门，想更多地了解你们。结果我发现了一个现象，凡是你们不在的时候，小陈的宿舍仍然亮着灯，开着电脑；而你的宿舍只要人不在灯便熄着，电脑也关着。所以我们最后确定了你。"

不要忽视任何一个细节，一个墨点足可将一整张白纸玷污，一件小事足可以毁了一个人的前程。在现代激烈的职场竞争中，细节常会显出奇特的魅力，它不仅可以增添我们的魅力指数，增加我们的工作绩效指数，还可以博得上司的青睐，获得更多更好的机会。

在职业棒球队中，一个击球手的平均命中率是 0.25，也就是每 4 个击球机会中，他能打中 1 次。凭这样的成绩，他可以进入一支不错的球队做个二线球员。而任何一个平均命中率超过 0.3 的球员，都是响当当的大明星了。

每个赛季结束的时候，只有十一二个球员的平均成绩能达到

0.3。除了享受到棒球界的最高礼遇外,他们还会得到几百万美元的工资,大公司会用重金聘请他们做广告。

但是,请思考一个问题,伟大的击球手同二线球手之间的差别其实只有 1/20。每 20 个击球机会,二线球员击中 5 次,而明星球员击中 6 次,仅仅是一球之差!

人生也是一场棒球赛,从"不错"到"极品"往往只需要一小步。

一天,张军去一家公司应聘营销经理,年薪 8 万元。张军一路闯关,从 99 位应聘者中杀出,终获总裁召见。

那一天,张军飘飘然地走进总裁办公室。总裁不在,只有一位年轻漂亮的女秘书洋溢着一脸职业性的微笑,对张军说:"先生,您好。总裁不在,他让您给他打个电话。"

张军掏出手机,拨了一串号码。但就在这时,他看见办公桌上有两部电话,就问那位小姐:"我可以用用吗?"

"可以。"女秘书依然微笑着。

张军拿起电话,终于跟总裁联系上了。总裁在那端兴奋地说:"小张啊,我看了你的简历,了解了你的答辩情况,你的确很优秀,欢迎你加盟本公司。"

张军高兴得心花怒放,第一反应就是要将这个好消息与他的女友分享。半个月前,女友出差去了国外。张军刚拨了手机,却又迟疑了:这可是国际长途啊!这时,张军又看了看那两部电话,忽然想到:我都快是公司的人了,他们是大公司,不会在乎一点儿电话费吧?于是张军便拿起电话:"喂,米妮吗?告诉你一个好消息,总

第七章
生命因一句忠告而变得美丽

裁已经……"

恰在这时，另一部电话响起。

"先生，您的电话。"女秘书给了张军一个诡秘的笑。

"对不起，小张，刚才我的话宣布作废。通过监控，你没能闯过最后一关，实在抱歉……"总裁在电话里温和地对张军说。

"为什么？"

女秘书惋惜地摇摇头，叹道："唉，许多人和您一样，都忽略了一个微小的细节。在没有成为公司正式员工之前，明明身上有手机，为什么不用自己的手机呢？"

生活中有些细节确实与个人密不可分，有些细节本身就潜藏着很大的机遇，只是很多时候我们习惯了等待别人给予，而懒得先去付出。一旦你有一双善于发现的慧眼，注意到别人忽视的空白领域或是薄弱环节，找准机会，以小事为突破口，让细节彰显出耀眼的光芒，那么你就可能在工作中得到质的飞跃。关键是你有没有一双善于发现的眼睛和从小事做起的耐心。

再高的山都是由细土堆积而成的；再宽广的江河也是由细流汇聚而成的；再大的事都必须从小事做起，先做好每一件小事，大事才能顺利完成。一个细节的忽略往往可以铸成人生的大错，可以让事业坠入黑暗的低谷；而一个细节的讲究，可以让企业在谈判中力挽狂澜。有些人奉行做大事，认为自己高人一等、胜人一筹，从而忽视细节，结果不但没有提升自己，反而让自己更加失败。因为他们不明白，只有把握生命中的细节，把细节穿成一串，才会有大的收获。

第八章

总有一份付出，让你有所收获

　　勤奋是点燃智慧的火花，懒惰是埋葬天才的坟墓。天才在于勤奋，即使是资质甚高的人也应该积极进取，否则枉费了上天的恩赐。勤能补拙，若是天生愚笨的人则更应该勤奋，才可能有机会赶超别人。所以，勤奋是你迈向成功最不可舍弃的朋友。

越奋斗越成功

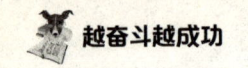

勤奋是通向成功的良好路径

个人的辛勤实干和奋发向上是他取得非凡成就所必须付出的代价；任何一种非凡成就都可能与好逸恶劳、无所事事的品行无缘。因为只有辛勤的双手和大脑，才能使人出人头地。任何事业的杰出成就，都只能通过辛勤的实干才能取得。

在莱克星顿的一个小农场里，西奥多·帕克怯生生地问他的父亲："爸爸，明天我可以休息一天吗？"西奥多的父亲是一位老实巴交的木匠，他制作的水车远近闻名。他惊讶地看了一眼最小的儿子，这可是活儿最忙的时候啊，儿子少干一天，就可能影响到他整个的工作计划。但是，西奥多企盼而坚决的目光让他不忍拒绝，要知道，西奥多平时可不是这样的。于是，他爽快地答应了儿子的这个要求。

第二天一早，西奥多早早地就起来了，赶了10英里崎岖泥泞的山路，匆匆来到哈佛学院，参加一年一度的新生入学考试。从8岁那年起，他就没有正规上过学，只有在冬天比较清闲的时候，才能挤出3个月的时间认真地学习。而在其他的时间里，无论是耕田还

第八章
总有一份付出，让你有所收获

是干别的农活，他都一遍一遍地默默背诵以前学过的课文，直到滚瓜烂熟为止。休息的时候，他还到处借阅书籍，汲取大量的知识。有一本拉丁词典，是他迫切需要的，但他想尽办法也没借到手。于是，在一个夏天的早上，他早早跑到原野里，采摘了一大筐浆果，背到波士顿去卖，所得的钱正好买回了这本拉丁词典……

所谓功夫不负有心人，在哈佛大学的入学考试上，他得心应手地做完了试题。监考老师惊奇地看着这个第一个交卷的考生，当他听说这是一个连学校都很少去的穷少年时，更加好奇地抽出他的试卷来查看，然后对西奥多说："祝贺你，小伙子，你很快会接到录取通知的。"

那天深夜，西奥多拖着疲惫的身体回到了家里，父亲还在院子里等他回家。"好样的，孩子！"当父亲听到他通过考试的消息，高兴地赞扬道，"但是，西奥多，我没有钱供你到哈佛读书啊！"西奥多说："没有关系，爸爸，我不会住到学校里去，我只在家里抽空自学，只要通过了考试，就可以获得学位证书。"

后来，他真的成功地做到了这一点。当他长大成人以后，自己积攒了一笔学费，又在哈佛大学学习了两年，最终以优异的成绩毕业。

岁月流逝，时光推移，这个当年读不起书的小男孩，终于成为了一代风云人物。

没有"一蹴而就"的成功，也没有"一夜爆红"的明星，更没有"一夜暴富"的大亨。天上不会掉馅饼，如果掉馅饼那也是个铁饼，会把人砸死。很多时候，我们只能看到别人成功的光环，却没

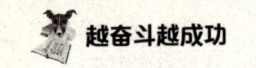

有看到别人在这层光环之下所付出的努力。

一个人的出身、父母、长相是无法选择的，但命运却牢牢地握在了自己的手中。所谓的"低贱"和"高贵"，关键就在于这个人怎么去面对这个社会，怎么去面对自己的人生。高贵之人都是在确定一个目标之后，坚持不懈地朝着这个目标前进，用勤劳的双手和聪慧的大脑为自己创造一个又一个奇迹。

左思出身于儒学世家，他的父亲左熹初为小吏，后由于才华出众而被擢授为殿中侍御史。可是左思不但天资愚笨，且有口吃，常因说话费劲而逗人发笑，有时连他自己也感到很不好意思。在学习上，父亲教他读书，一连几遍都记不住；教他练字，总是写不成个；教他弹琴，也弹不出曲调。左熹为有这样一个笨儿子伤透了心，经常为儿子的前途唉声叹气。

有一天，左熹的朋友前来拜访。友人见他愁眉不展，心事重重，不禁问他是何缘故。

左熹叹了口气道："想我左氏家中，世代书香，可谓令人羡慕之至。但我怎么也没想到，生了个儿子，却十分笨拙，什么也学不会，和我小的时候简直无法相比。如此下去不仅继承不了祖业，就连他自己将来的生计也无所依靠啊！"

友人一听，笑道："左兄不必为此忧愁，常言说'龙生龙，凤生凤'，以左兄之才能，我想贤侄定不会像你说的那样笨拙。也许他现在年龄小一些，爱玩一些，待稍大一点，懂得了知识的重要性，再学习勤奋刻苦一些，必定会有大的进步的。"

恰在此时，左思来到客厅门外，把父亲和友人的谈话听了个一

第八章
总有一份付出，让你有所收获

清二楚，心想："我真的像父亲说的那样笨吗？难道真的要父亲为我操心一辈子？我一定要下苦功读书，甩掉笨拙的帽子，干出一番事业来。"

想到这里，他连客厅也没进，扭头回到自己的房间，用心读起书来。

再说友人劝了左熹以后，提出要见见左思，左熹便带友人来到左思房间。一看，见左思正在用功读书，友人笑着对左熹说："贤侄这不正在学习吗？"

左思立即站起来道："父亲和叔叔说的话我都听见了，请父亲放心，我决不再做笨孩子！"

友人摸着左思的头，对左熹说："就凭贤侄这句话，左兄也该放心了吧！"

左熹高兴地笑了。

左思说到做到，从此果然勤奋刻苦。小朋友找他游戏，他不去；城中集市再热闹，他也不去逛。他早起晚睡，废寝忘食，边背诵边默写，一遍不行学两遍，两遍不会学三遍，直到背会弄懂方才罢休。

左熹见他学习入了迷，对他的成绩进行了测试。结果发现，凡是左思学过的东西，不仅全能记住，而且还能讲出更深一层的意思。左熹还发现，因为常常背诵课文，左思的口吃也有了明显纠正。左熹见儿子发生了如此大的变化，心中很是激动，便根据左思的要求，不惜重金购买了各类经典著作，供他学习。

功夫不负有心人。几年后，左思不仅精通经典，且善阴阳之术，尤对诗赋研究深厚。他写《齐都赋》，虽然用了一年的时间，但辞藻

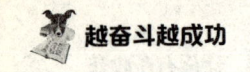

华丽，满篇生辉。尤其是他写的《三都赋》震动京师，一时之间，整个京师豪贵之家竞相传抄，使整个洛阳的纸张顿时脱销，价格也暴涨起来。成语"洛阳纸贵"就是由此而来的。

在日常生活中，总是会有人这样说："为什么我不能成功？"其实，所有的成功者都是凭着自己的勤奋，夜以继日地努力取得的。名人的成功，也离不开他们的勤奋努力。俗话说："书山有路勤为径，学海无涯苦作舟。"这充分告诉了我们勤奋的重要性，勤奋是通向成功的良好路径。

第八章
总有一份付出，让你有所收获

成功不会去敲懒汉的门

高尔基有这么一句话："天才出于勤奋。"卡莱尔也曾激励我们说："天才就是无止境刻苦勤奋的能力。"这就告诉我们天资再差也没关系，只要勤奋，就一定能成功。因为，天资的发挥和个人的勤奋是成正比的。有几分勤学苦练，天资就能发挥几分。天资不佳的人，只要充满自信，笨鸟先飞，以勤补拙，也会大有希望、大有前途。天分高的人，哪怕是"神童""天才"，如果懒惰成性，不刻苦，不努力，也必然不能成才，甚至还会沦为庸人。

懒惰可以毁灭一个民族，当然，要毁灭一个人更是轻而易举的事了。人们一旦背上懒惰的包袱，就会成为一个精神沮丧、无所事事、浑浑噩噩的人。那些生性懒惰的人不可能成为事业成功者，他们纯粹是社会财富的消费者而不是创造者。

在人类社会中，勤劳者光荣，懒惰被视为可耻的行为。懒惰是对自身资源的巨大浪费，是成功的天敌。即使再有天资的人，一旦养成了懒惰的习惯，那么他就是踏上了一条与杰出相背离的道路。

有这样一个故事：有一个男人，家中比较富有，所以他养成了好吃懒做的坏习惯，连吃饭也要太太来喂他。有一天，太太要回娘家，几天后才能回来。临走时太太给他做了一个很大的饼，在饼的中间弄个圈，套在他的脖子上。这张饼足够他吃一个星期的，可是等太太回来后，发现丈夫已经饿死了。原来他只把嘴前吃得到的饼吃光后，就再也懒得动手转圈吃后面的了。

或许故事有些过于夸张，现实生活中并不存在如此懒惰的人，但是懒惰带来的恶果却是切切实实存在的。要想成功，首先就应该克服懒惰这个天敌。

王元规出生在一个官宦之家。他8岁这年，父亲不幸病逝，家境衰落，逐渐贫困。不要说读书，就连吃饭穿衣也难维持。又过了4年，王元规一家的生活更难维持，母亲便带着他们兄弟三人到临海郡，投靠舅舅。那年，王元规12岁。

临海郡有个富豪，名叫刘填，万贯家财，财多势重，平时常常克扣家中雇工，欺压地方平民百姓，就连他家的小孩，也经常欺负穷人家的孩子。因为这个缘故，刘填的一个女儿，已经十五六岁，却连个说媒的也没有。刘填对女儿的婚事很伤脑筋。

王元规一家来到临海郡，刘填便打起了王元规的主意。他认为王元规不但相貌清秀，聪明伶俐，而且勤奋读书，将来必有出息。再者，王元规家中贫困，与自己的女儿联姻，必是他们求之不得的事。于是，刘填在王元规一家搬来不久，便托王元规的舅舅为他的女儿提亲。母亲见媒人是自家兄弟，对方又是当地富户，想到如今寄人篱下，倘婚事成功，儿子便能继续读书，心中已是愿意，便把

第八章
总有一份付出，让你有所收获

王元规叫来商量。

王元规待母亲说完，马上拒绝说："使不得，使不得。"

母亲没想到儿子是这种态度，把脸一沉，生气地问道："怎么使不得？像这样的富贵人家，我们想攀还攀不上，你怎么能一口拒绝呢？"

王元规见母亲生气，低头不语。舅舅见状，感到事有蹊跷，遂问王元规："元规，这可是一门好亲事。成亲以后，他家定会帮助你家，你为什么不同意呢？"王元规这才细声说："我王元规家穷志不穷。门不当，户不对，不能联姻。我已经听说那刘填乃是当地一霸，百姓没有不骂的。我们是正派人家，怎么能与这种人联姻呢？我怕玷辱了我的名声！"

王元规的舅舅一听，激动得把桌子一拍说："好，有志气！我也本不同意，只是受托，不便先自推辞。你们放心，今后，有舅舅吃的，就有你们吃的。明天我就送你去学校继续读书，你可一定要争口气啊！"

母亲听了，觉得元规有理，遂推辞掉了这门亲事。

王元规拒婚后，在舅舅的支持下，发愤图强，刻苦读书，到十四五岁时，已满腹经纶，而且还写得一手好字。终在18岁那年，以博通经史成名，被梁武帝召入朝廷，从此走上仕途。

生活中无论大事小事，无一不是在勤奋中实现，在懒惰中荒废。古人云："精勤则道成，懒惰则道败。"精勤的人必定会用汗水和勤劳，赢得生活的灿烂和人生的辉煌，收获累累硕果；懒惰的人，注定学业无成，事业失败，生活混乱，最后是两手空空。

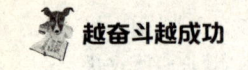

或许有的人会说，自己天赋不错，比起其他人来说有懒惰的资本，别人忙一周的工作我只需要一天就能办完。但事实上，非凡的才华，也会被懒惰扼杀。况且，你仅仅将标准放在那些天赋不如你的人身上，总有一天，他们也将超过你。因为你变成了龟兔赛跑里那只空有一身优势却睡懒觉的兔子。懒惰和贪图安逸只会让人变得堕落和退化，只有勤奋才是高尚的，它将带给你人生真正的成功与幸福。

第八章
总有一份付出，让你有所收获

勤奋之人能创造奇迹

聪明来自勤奋，知识在于积累。一个人要想在工作和学业上取得成就，养成积累知识的良好习惯是非常必要的。知识的海洋是无边无际的，而我们每一个人的知识是有限的，要想增加自己的知识，丰富头脑，就必须发扬蜜蜂采蜜和燕子垒窝的勤奋精神。

勤奋要有钻研的精神，持之以恒，不怕困难，不怕挫折。勤奋是中华民族自古以来的传统美德，无数事例为人们称道：车胤"萤入疏囊"是勤奋，孙康"雪映窗纱"是勤奋，祖逖"闻鸡起舞"也是勤奋，勤奋使他们最终都成就了一番伟业。

1974年6月28日，现代集团创始人郑周永为他的现代造船厂举行了隆重的竣工典礼，同时也为该船厂的第一批产品举行了命名仪式。从1972年3月造船厂破土动工，到1974年6月正式竣工，只用了两年零三个月的时间，许多人都认为这是一件不可思议的事情，而且在这段时间里，郑周永完成了防波堤工程、挖船坞、修建码头等工作，并且还建了14万平方米的厂房。同时，郑周永还为5000

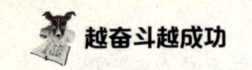

名职工修建了职工住宅。在这么短的时间里，郑周永建成了一个面积为60万平方米、最大造船能力为70万吨、具有国际先进水平的大型造船厂。

这种速度和效率在世界造船史上是绝无仅有的。通常情况下，按照当时的造船技术，若建像现代蔚山造船厂那样大规模的船厂，最快也要5年。郑周永做了一件别人想也不敢想的事情，他让建厂和造船同时进行，在修建船坞时就开始建造油轮的各个部位，等船坞建成后，随即将船坞进行组装，下一艘油轮的制造也随之开始。如果不是这样的高效率，等到船厂建成后再造船，那笔巨大的贷款利息就会把他压垮，也就没有后来现代的发展与腾飞。

郑周永领导下的现代集团就是这样以速度和高效取胜，最终成为韩国最大的财团，成为世界上著名的大公司。我们从带领英特尔公司以"十倍速度"前进的偏执狂安德鲁·葛鲁夫身上，更能看到速度对企业的生存和发展是何等重要。

业精于勤，荒于嬉。勤奋能使学业和事业有所成就，嬉耍只会使学业和事业遭到失败。大凡有所作为的人，无一不是有着勤奋的习惯。因此，不管你现在处于人生的何种阶段，养成勤奋的习惯是必不可少的。

西汉时有一个大学问家名叫匡衡。他小时候就非常喜欢读书，可是家里很穷，买不起蜡烛，一到晚上就没有办法看书，他常为此事发愁。这天晚上，匡衡无意中发现自家的墙壁似乎有一些亮光，他起床一看，原来是墙壁裂了缝，邻居家的烛火从裂缝处透了过来。匡衡看后，立刻想出了一个办法。他找来一把凿子，将墙壁裂缝处

第八章
总有一份付出，让你有所收获

凿出一个小孔。立刻，一道烛光射了过来，匡衡就借着这道烛光，认真地看起书来。以后的每天晚上，匡衡都要靠着墙壁，借着邻居的烛光读书。由于从小勤奋好学，后来匡衡成了一名知识渊博的经学家。

成功需要刻苦努力。作为一个普通人，你更要相信，勤奋是检验成功的试金石。即使你天资一般，只要勤奋努力，就能弥补自身的缺陷，最终会成为一名成功者。

在赖斯家里，她的家人始终相信这么一条真理：只有当孩子们做得比白人孩子高出两倍，他们才能平等；高出三倍，才能超过对方。她的父母不止一次地告诉她，外面的世界有很多发展机会，但只有勤奋学习，机会才属于你。他们甚至这样对她说："你可能在餐馆里买不起一个汉堡包，但也有可能当上总统。"

赖斯一直都很相信父母的话。以后的日子里，她向着"加倍地好"这个目标继续努力。除继续学习钢琴外，她还开始学习网球和花样滑冰，且做得都很出色。

不久之后，她发现了新的目标。那门课是"国际政治概况"，那节课主要讲的是斯大林，教授是前国务卿玛德琳·奥尔布赖特的父亲约瑟·考贝尔。"这一课程拨动了我的心弦。"她后来说："这就像恋爱一样……我无法解释，但它的确吸引着我。"考贝尔博士被她的聪明和激情所感染，鼓励她到该校国际关系学院读书。考贝尔成为赖斯生活中的"智力父亲"。

之后，赖斯又开始学习政治科学和俄语，但同时她并没有为此关上学习音乐的大门。这种背景使她最终成了一个为数不多的学音

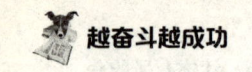

乐出身的政府高官。俄语被称为"需要十年才能学会的语言",但她通过勤奋学习,很快便掌握了俄语。

1977年夏,出于研究需要,赖斯在国内进行了一次长途旅行。她同时又在国防部担任实习生,在五角大楼工作了很长一段时间,有了更多的机会了解美国的军事机构。

凭借自身的勤奋,赖斯终于打进了白宫。

勤奋就是"比别人多做一点",它有时是一种勇气,是一种智慧,也是走向成功的一条准则。多做一点,那么我们就离卓越更近一点。人生没有可供你驻足的港口,自我本身永远是一个出发点。无论何时何地,只要创造就会有收获。也许你的投入无法立刻得到相应的回报,请不要气馁,我们应该一如既往地"比别人多做一点"。这样,回报可能会在不经意间如约而至。

勤奋是无数卓越人士和组织极力秉承的理念和价值观,被许多著名企业奉为圭臬。勤奋是指:在工作中,要比别人"看得更远一点、做得更多一点、动力更足一点、速度更快一点、坚持的时间更久一点"。它体现的是一种积极、主动的精神,一种坚忍不拔、永不放弃的意志,一种行动迅速、做事准确的能力。我们每一个人都是世间的凡夫俗子,只要耐心播种"一方桃李",必会收获"满园春色"。

第八章
总有一份付出，让你有所收获

"笨"鸟先飞

尽管智力平庸，但努力的人会想方设法保持领先，一步一步地积累自己的优势。那些所谓智力超群、才华横溢的人却仍在四处涉猎，毫无目标，最终一无所获。

维克多与伊雷内这俩兄弟，可以说是截然不同的两种人。哥哥维克多身材挺拔、相貌英俊、口齿伶俐、头脑敏捷、才华过人，外表上简直没什么缺点。他是一个社交明星，给每个人留下的第一印象都是完美的。但是熟悉他的人都知道，他从来就没有认认真真地办过一件事，就是答应别人的事，他也可能会忘掉，他仅仅是个吃喝玩乐的专家。

弟弟伊雷内虽然身材不高，相貌平平，但在学习和工作中都有股近乎痴迷的专注劲儿。小时候在法国，当家境还很宽裕的时候，他受拉瓦锡的影响，对化学着了迷。著名化学家拉瓦锡非常喜欢这个安安静静的孩子，就把他带到自己主管的皇家火药厂玩，还教他配制当时世界上质量最好的火药。

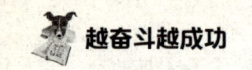

后来，这个家庭在法国大革命中险遭灭顶之灾，全家人不得不漂洋过海来到美国。父亲在新大陆尝试过好几种商业计划——倒卖土地、货运、走私黄金……全都失败了。在全家人垂头丧气的时候，年轻的伊雷内苦苦思索着振兴家业的良策。

有一天，伊雷内与美国陆军上校路易斯·特萨德到郊外打猎，他的枪哑了三次，而上校的枪一扣扳机就响。上校说："你应该用英国的火药粉，美国的太差劲。"一句话使伊雷内茅塞顿开。他想，在战乱期间，世界上最需要的不就是火药吗？在这方面，我是有优势的，从拉瓦锡那里学到的知识，会让我成为美国最好的火药商。

伊雷内就靠着这股专注劲儿，克服了许多困难，把火药厂办了起来。他，就是举世闻名的杜邦公司的创史人伊雷内·杜邦。

聪明的维克多呢？他只得靠着弟弟的扶持，在纽约给弟弟做代理。维克多凭着社交手腕，也确实发展了一些客户，但是其中的一位——拿破仑的弟弟杰罗姆——一位花花公子，却毁了他。在纵欲无度、花天酒地的生活中，他们俩很投缘，只要杰罗姆缺钱，维克多就慷慨地掏腰包借钱给他。杰罗姆的一笔笔巨额借款，直接导致了维克多的贸易公司以破产告终。

历史上，总是一遍又一遍地上演着维克多与伊雷内的故事。平庸者成功，聪明人失败，这是件令人惊叹、令人费解却又一再重复的事情。通过分析，我们可以找到其中的原因：那些看似愚钝的人，却往往有一种顽强的毅力，在任何情况下都有坚如磐石的决心。所以他们能不受任何诱惑，不偏离自己的既定目标，日积月累地做下去，直到成功。相反，那些聪明却不认真的人，开始可能会有一些

第八章
总有一份付出，让你有所收获

小成功，比如在大学里遥遥领先，比社区的其他同龄人更引人注目，于是他们往往放纵了自己，游戏人生，徒然浪费了才华。

约翰和汤姆是相邻两家的孩子，从小就在一起玩耍。约翰聪明机智，学什么都是一点就通，自然也颇为骄傲。汤姆的脑子没有约翰的灵光，尽管他很用功，但成绩却难以进入前十名。但汤姆一直不放弃努力，踏实认真地学习、工作，一点一滴地超越自我，最终成就了非凡的业绩。

聪明的约翰一生业绩平平，没能成就任何一件大事。约翰为此愤愤不平，以至郁郁而终。他的灵魂飞到了天堂后，质问上帝："我的聪明才智远远超过汤姆，我应该比他更伟大才是，可为什么你却让他成为人间的卓越人士呢？"

上帝笑了笑说："可怜的约翰啊，你至死都没弄明白，我把每个人送到世上，在他生命的'褡裢'里都放了同样的东西，只不过我把你的聪明放到了'褡裢'的前面，而汤姆的聪明却放在'褡裢'的后面。你因为看到或是触摸到自己的聪明而沾沾自喜，所以耽误了你！而汤姆，他以为自己是个笨蛋，所以他一生都在不停地努力、上进！"

奔驰的骏马尽管在开始的时候总是呼啸在前，但最终抵达目的地的，却往往是充满耐心和毅力的骆驼。天生有颗聪明的脑袋，并不意味着幸运。因为聪明而误了终生的人，古往今来大有人在。因为觉察到自己某些方面的"聪明"，变得心态浮躁，高不成低不就，总是找不到自己适合的"位置"，这样的人更是大有人在。

俗话说："尺有所短、寸有所长。"每个人都有自己天赋的"强

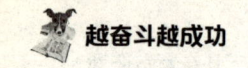

项"和"弱项",再聪明的人,也不可能样样事都擅长。有些人自认自己某个方面有些过人的天赋,就洋洋自得地睡大觉,却不知道"笨人"已经凭着脚踏实地的努力超过了他们!

世界上的许多成大事者,都是一些资质平平的人,而不是才智超群、多才多艺的人。有一些人,在别人来看,取得了远远超过他们"聪明程度"的业绩,这看起来实在有些不可思议。其实,这正是因为他们能耕耘不辍,最终才会有所收获。

第八章
总有一份付出，让你有所收获

付出勤奋，收获成功

　　成功的最短途径是勤奋，而不是耍嘴皮子、好逸恶劳，要始终以勤字当头，去成功做人、勤奋做事。多一些努力，便会多一些成功的机会。日日行，不怕千万里；常常做，不怕千万事。勤奋的人，人生终会得到提升；勤奋的人，终会收到丰硕成果。

　　爱因斯坦曾经说过："在天才和勤奋之间，我毫不迟疑地选择勤奋，它几乎是世界上一切成就的催生婆。"齐格勒说："如果你能够尽到自己的本分，尽力完成自己应该做的事情，那么总有一天，你就能够随心所欲地从事自己的事情。"反之，如果你只是凡事得过且过，从不努力把自己的工作做好，那么你永远无法到达成功的顶峰。

　　无论是对个人还是对一个民族而言，懒惰都是一种堕落的、具有毁灭性的东西。懒惰、好逸恶劳乃是万恶之源，懒惰会吞噬一个人的心灵，就像灰尘可以使铁生锈一样，懒惰可以轻而易举地毁掉一个人。因此，那些生性懒惰的人不可能在社会生活中成为成功者。

　　成功只会光顾那些辛勤劳动的人。想要做好一件事，你就必须付出比以往任何时候更多的勤奋和努力。拥有积极进取、奋发向上的心，勤勤恳恳，就会成功。懒惰，只能够由平凡转为平庸，最后使你变成一个毫无价值和没有出路的人。

宋代大学问家朱熹曾经在自己的著作中讲过这样一个故事：福州有一个叫陈正之的人，脑子相当愚钝，读书每次只读50个字，读一篇小文章也要五六遍才能读熟。为了克服缺点，他不懒不怠、勤学苦练，别人读一遍他就读三遍四遍，天长日久，知识便与日俱增。后来，他不但克服了自己反应迟钝的缺点，而且成了博学之士。

"一勤天下无难事。"梅兰芳年轻的时候去拜师学戏，师傅说他生着一双死鱼眼睛，灰暗、呆滞，根本不是学戏的材料，拒不收留。天资的欠缺没有使他灰心，反而促使他更加勤奋，他每天都要喂鸽子，仰望天空，双眼紧跟着飞翔的鸽子，穷追不舍；他养金鱼，每天俯视水底，双眼紧跟着遨游的金鱼，寻踪觅影。后来，梅兰芳的眼睛变得如一汪清澈的秋水，熠熠生辉、脉脉含情，他终于成了著名的京剧艺术大师。

一个人的才能不是天生就有的，它是靠坚持不懈的努力，靠勤奋换来的。无论多么远大的志向，如果不能以勤奋的态度去努力落实，就永远也无法变成现实，最终也只是海市蜃楼而已。无论是在优裕的环境中，还是在贫困的环境中，只要肯勤奋做事，就会实现你的梦想，因为天道酬勤，你付出了就一定会有收获。

杰克·伦敦在19岁以前，从来没有进过中学。他在40岁时就死了，可是他却给世人留下了51部巨著。

杰克·伦敦的童年生活充满了贫困与艰难，他整天像发了疯一

第八章
总有一份付出，让你有所收获

样跟着一群恶棍在旧金山海湾附近游荡。说起学校，他不屑一顾，并把大部分时间都花在偷盗等勾当上。不过有一天，当他漫不经心地走进一家公共图书馆内开始读起名著《鲁宾逊漂流记》时，他看得如痴如醉，并受到了深深的感动。在看这本书时，饥肠辘辘的他，竟然舍不得中途停下来回家吃饭。第二天，他又跑到图书馆去看别的书。一个新的世界展现在他的面前——一个如同《天方夜谭》一样奇异美妙的世界。从这以后，一种酷爱读书的情绪便不可抑制地左右了他。他一天中读书的时间往往达到了10至15小时，从荷马到莎士比亚，从赫伯特·斯宾塞到马克思等人的所有著作，他都如饥似渴地读着。

当他19岁时，他决定停止以前靠体力劳动吃饭的生涯，改成用脑力谋生。他厌倦了流浪的生活，他不愿再挨警察无情的拳头，他也不甘心让铁路的工头用灯揍自己的脑袋。于是，他进入加州的奥克兰德中学。他不分昼夜地学习，从来就没有好好地睡过一觉。天道酬勤，他也因此有了显著的进步，他只用了3个月的时间就把4年的课程念完了。通过考试后，他进入了加州大学。

他渴望成为一名伟大的作家，在这一雄心的驱使下，他一遍又一遍地读《金银岛》《基督山恩仇记》《双城记》等书，随后就拼命地写作。他每天写5000字，这也就是说，他可以用20天的时间完成一部长篇小说。他有时会一口气给编辑们寄出30篇小说，但它们统统被退了回来。

后来，他写了一篇名为《海岸外的飓风》的小说，这篇小说获得了旧金山《呼声》杂志所举办的征文比赛的头奖，但是他只得到

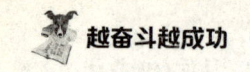

了20美元的稿费。他贫困至极,甚至连房租都付不起了。

那是1896年——令人兴奋和激动不已的一年,人们在加拿大西北柯劳代克发现了金矿。

跟随着像蝗虫一样的淘金者人流,杰克·伦敦踏上了柯劳代克之路。他在那儿待了一年,拼命地挖金子。他忍受着一切难以想象的痛苦,而最后回到美国时,他的囊中却仍然空空如也。

只要能糊口,任何工作他都肯干。他曾在饭店中刷洗过盘子;他擦洗过地板;他在码头、工厂里卖过苦力。就是在这样艰苦的环境里,杰克·伦敦仍然坚持读书写作。到1903年,他有6部长篇小说以及125篇短篇小说问世,成为了美国文艺界最为知名的人物。

事实往往会证明:谁比别人多一些努力,谁就会拥有更多成功的机会。

作为一名平凡的人,我们有必要勤奋刻苦,它是我们学习中最锋利的武器。我们只要在自己的岗位上有所突破,就没有虚度年华。莫等闲,白了少年头,空悲切!即便天赋过人,若沉溺于沾沾自喜,也难免落得个伤仲永的遗憾结局。只有付出相当的努力,刻苦勤奋,才能最大限度地发挥自身优势,挖掘自我潜力,成就一番功名与事业,做一个顶天立地的强人。

第八章
总有一份付出，让你有所收获

每天多做一点会更接近成功

我们常说：一分耕耘，一分收获。事实上并非如此，很多时候事情的结果并不是简单且公平的，反而往往是一分耕耘，零分收获。你只有十分耕耘，才会有所收获。

因此，在日常工作中，我们必须要有多付出一点的想法。虽然这并不是成正比的关系，但你若想要收获多一些，就必须多付出。你希望自己得到一分收获，就要"两分耕耘"；你想要自己得到十分收获，就要"十一分耕耘"。你只有永远多付出一分、多做一点，才能达到自己的目标。

一位著名的大企业家曾用一句话来总结自己成功的经验，就是"多做一点"。确实如此，耕耘多一点，多收获才会成为可能；每天多做一点，才能使自己更接近成功。

同在一家公司里工作，大家都做着与自己同样的一份工作，怎样才能在多数人中脱颖而出呢？方法只有一个，那就是永远多做一点。一天多做一件产品，一个月就多做30件，这其中的差别是巨

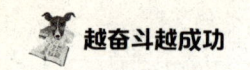

大的。

著名投资专家约翰·坦普尔顿通过研究，总结出一条重要定律：多一盎司定律。这个定律表明，取得突出成就的人与取得中等成就的人之间最大的差别就是——"多一盎司"，一盎司只相当于十六分之一磅。但在这看似微不足道的一点点区别里，却可能使得两人之间出现天壤之别的结果：一个成功，另一个失败。

阿尔波特·哈伯德在自己的书中提到了这样一件事：卡洛·道尼斯先生最初为杜兰特工作时，职务很低，现在已成为杜兰特先生的左膀右臂，担任其下属一家公司的总裁。他之所以能如此快速地升迁，秘密就在于"每天多干一点"。

一次，哈伯德在与道尼斯先生谈话时，道尼斯先生平静而简短地道出了其中的缘由："在为杜兰特先生工作之初，我就注意到，每天下班后，所有的人都回家了，杜兰特先生仍然会留在办公室里继续工作到很晚。因此，我决定下班后也留在办公室里。是的，的确没有人要求我这样做，但我认为自己应该留下来，在需要时为杜兰特先生提供一些帮助。杜兰特先生经常找文件、打印材料，最初这些工作都是他亲自来做。很快，他就发现我随时在等待他的召唤，并且逐渐养成了招呼我的习惯。"

卡洛·道尼斯只是每天晚下班一点，每天在公司多做一点，但就是因为这一点，使他成为老板的得力干将，他能够受到老板的重用也可想而知了。

其实，做的事情越多，得到的经验就越多，而能力自然也就会得到提高。因此，多做一点是实现目标的重要途径。或许有些人认

第八章
总有一份付出，让你有所收获

为，我只是在打工而已，只要把老板布置的任务完成就行了，何必多做呢？多做了老板也不会多给我一分钱。诚然，在你刚开始多做了一点时，老板不会马上给你加薪涨工资，但是你的形象却在他心中好了起来、地位重要起来，当时机成熟，老板自然会给你以补偿。

一个公司的发展过程，其实也是个人发展的过程。永远要将多做一点视为对自己锻炼的好事，不要总是以"这不是我分内的工作"为由来推卸额外的工作，当额外的工作分配到你头上时，不妨视之为一种机遇。

永远比别人多做一点，每天多做一点，看似微不足道的一点，实际上它的作用却极其巨大，这是一种备受欣赏的职场精神。许多人从平凡走向成功，无不跟"多做一点"有很大的关系。

"多做一点"代表了一种积极的工作态度，无论你是管理者，还是普通职员，它都可以成为你成功的砝码，使你得到老板的认可和信赖，从而让你获得更多的机会，那么你的职业生涯也将更加亮丽多彩。

可见，成功与不成功之间的距离，并不是大多数人想象的那样是一道巨大的鸿沟。成功与不成功仅仅体现在一些小小的动作之上：每天花5分钟阅读、多打一个电话、多努力一点、在适当时机的一个适度表现、多做一些研究或在实验室中多试验一次。

一个年轻的小伙子叫林海，他原来是一家小公司的普通职员，一年后他成为了一家律师事务所的高级管理人员。这是什么原因呢？

林海原来在一家服务公司当普通职员，他的转变是由一件小事引起的。一个星期二下午，公司所有员工都下班走了，但是林海有一个习惯，每天下班以后，他都会在公司里多待半小时，他要确定所有同事都走完了，再把所有电脑的电源、电灯关了，然后检查所有的门窗是否关好才离开公司。这并不是他的事，但他一直都坚持这样做。这天他还没有走，一个人走了进来，问他能不能找一名排版人员帮忙，因为他们有些文件必须马上排版，可是他们公司的员工已经下班走了。

林海告诉他，公司所有的员工都回家去了，如果他晚来五分钟，自己也要走了。同时，林海表示自己愿意留下来帮他。

工作完成后，那位先生请林海吃饭。饭后他打算给林海一些工作费用，林海坚持不要。

几个月之后，林海已经把此事忘得一干二净，那位先生却找到了他，交给他一张聘书，邀请林海到自己的公司去工作，薪水比现在高出一倍。

多做不是吃亏，当你养成每天多做一点事的时候，你就和他人有了质的区别，你具备了其他人无法比拟的优势，在你将来的发展中，你会因为这种每天多做一点事的习惯而得到更多的回报和收获。所以，赶快放弃"这不是我的分内工作"的念头吧！把"每天多做一点"养成你生活中的一种习惯。

第八章
总有一份付出，让你有所收获

今日事，今日毕

中国有句格言，叫作"今日事，今日毕"。身在职场，必须养成随手处理事情的作风，不能依赖明日。富兰克林说："把握今日等于拥有两倍明日。"所以应该经常抱着"必须把握今日去做完今天的事，一点儿也不可懒惰"的想法去努力才行。

美国有一本畅销杂志做过一个时间运用调查，这项调查访问了14家公司的18名主管。结果发现，这些主管平均一天要花5个半小时在谈话上。结论是，主管们其实有充足的时间来完成他们的任务，只是他们不善于用它罢了。

爱迪生在结婚那天，刚举行完结婚典礼。他突然想出了一个主意，是解决当时还没试验成功的一个问题症结的点子，便悄声对新娘玛丽说："亲爱的，我有点要紧的事到实验室去一趟，待会儿准时回来陪你吃饭。"新娘一听，心里不太乐意，可又无可奈何地点了点头。

他这一去，到晚上也不见人影儿。直到半夜时分，有人去找他，见试验室点着灯,隐隐约约有人影晃动,进去一看,爱迪生在那儿聚精会神地干活。找他的人不禁脱口喊出来:"哎呀,新郎先生,原来你躲在这儿,你让我们找得好苦啊!"爱迪生这才如梦初醒,忙问:"什么时候了?""都到12点啦!"爱迪生大吃一惊,急忙往楼下奔去。

爱迪生活了85岁,仅在美国国家专利局登记过的就有1328项科学发明,平均每15天就有一项发明。有人问爱迪生是否同意"为科学休假10年",他回答说:"科学是永无一日休息的,在已过的亿万多年间,它每分钟都在工作,并且还要如此继续工作下去。"

如果在金钱上计较一分一厘的得失,那么在时间上更应计较一分一秒的得失。古今中外有成就的科学家,大都惜时如金,当天的事当天做。

一个漆黑的深夜,有位奄奄一息的危重病人无奈地走完了他生命中的最后一分钟,一脸庄重的死神如期来到了他的身边。

在这之前,死神的形象在他脑海中不停地闪现过很多次。而此时,他急切地乞求死神:"再给我一分钟好吗?"死神不紧不慢地回答:"你要一分钟干什么?"他很懊悔又满含期待地说:"我想利用这一分钟再看一看天,看一看地。我想利用这一分钟好好地想一想我的朋友和我的亲人。要是运气好的话,我还可以看到一朵盛开的花。"

死神同情他却又十分坚决地说:"你的想法确实不错,然而我不能答应你。你所要求的这一切我都留了足够的时间让你去欣赏,可你一直没有像现在这样去珍惜。我已把你的时间明细账罗列如下:

第八章
总有一份付出，让你有所收获

办事拖沓的时间从青年到老年共耗去了36500个小时，相当于1520天。做事有头无尾、心不在焉，使得许多事情不断地要重做，浪费了大约500多天。由于无所事事，你常常发呆，一味沉溺于幻想；你平常有事没事就埋怨、责怪别人，寻找借口、编造理由、为自己推脱责任；你利用大量的工作时间跟同事侃大山，把工作丢到了一边且为所欲为、毫无顾忌；工作时间有时你竟呼呼大睡，很多时候你还与无聊的人煲电话粥；你参加了无数次缺乏成效又懒散昏睡的会议，这使你的睡眠远远超出了20年；更可恶的是，你也热衷并组织了许多类似的无聊会议，使更多的人和你一样睡眠超标，工作上一事无成；还有……"

死神刚说到这里，这个危重病人就头一扭，顿时便断了气。死神见状，叹了一口气说："假若你活着的时候能多节约一分钟，你就可以听完我给你记下的账单了。哎，太可惜了，世人怎么都是如此，用不着我动手就后悔死了。"

生命只有一次，而人生也不过是时间的累积。若让今天的时光溜走，就等于毁掉人生中的一页，因此，我们应珍惜今天的一分一秒，不让时光白白流逝。我们可能不会像爱迪生那样把自己整个的时间都放在工作上，但我们至少应该树立起"今天"的观念，充分重视每一天的价值。

海尔集团的CEO张瑞敏在海尔推行了"日事日毕，日事日清，日清日高"的制度。就是在海尔内部建立一个每人、每天对自己所从事的工作进行清理、检查的"日日清"控制系统。案头文件，急办的、缓办的、一般性材料的摆放，都是有条有理、井然有序的。

"日日清"系统包括两个方面：一是"日事日毕"，即对当天发生的各种问题在当天弄清原因、分清责任，并及时采取措施进行处理，如工人使用的"3E"卡，用来记录每个人每天对每件事的日清过程和结果；二是"日清日高"，即对工作中的薄弱环节不断改善、不断提高，要求职工"坚持每天提高1%"。

对海尔的客服人员来说，客户提出的任何要求，无论是大事，还是"鸡毛蒜皮"的小事，工作责任人必须在客户提出的当天给予答复，与客户就工作细节协商一致，然后再毫不走样地按照协商的具体要求办理，办好后必须及时反馈给客户。如果遇到客户抱怨、投诉，需要在第一时间加以解决，自己不能解决时要及时汇报。就是这样，海尔的产品成为世界一流的产品，海尔的服务被评为"5A钻石级服务"。

海尔建立"日事日毕，日事日清，日清日高"制度是对时间的珍惜，也是对客户的负责。不管是对自己的工作，还是对客户的服务，所有的事务都要在一定的时间内完成才有一定的意义。海尔的成功在于他们充分认识到了"当日事，当日毕"的重要性，在提高了自己的同时，也得到了客户的信任。

人生中有三个阶段：一个叫昨天，一个叫今天，一个叫明天。昨天发生的事情我们已不能改变，因为昨天发生的一切已经过去，我们也不能改变明天，因为明天熟的瓜今天不能落蒂。所以我们唯一能够改变的就是今天，就是现在所拥有的正在享用的时间，这才是我们生命中最重要的时刻。

不管是贩夫走卒还是英雄人物，每个人一天只有24小时。有很多人不重视一天的价值,认为一天的时间做不了什么大的事情,正是这种错误的观念导致了工作上的拖延,使自己无法如约完成任务。成功的人却把握了今天的时间观念,他们有自己每日的工作时间进度表,每天都有目标,也都有结果,所以,他们成为了令人羡慕的成功者。